水稻田间试验实用手册

实用手册

（第二版）

李红宇　主编

U0381012

中国农业出版社

北　京

编 委 会

第一版编审人员名单

主　　编　李红宇

主　　审　郑桂萍

编写人员（按姓名笔画顺序）

　　　　　　王海泽　　吕艳东　　刘丽华　　刘梦红

　　　　　　李红宇　　汪秀志　　陈秋雪　　郑桂萍

　　　　　　钱永德　　郭晓红

第二版前言

黑龙江是我国最重要的水稻商品粮生产基地，以水稻高产和优质而闻名。水稻种植面积一直保持在 400 万 hm² 左右，产量约占全国水稻总产量的 12.7％，商品化率超过 80％，对保障国家粮食安全起到重要作用。水稻增产与先进实用农业新技术的推广密切相关。评价新技术示范推广效果的一手资料由基层农技人员获得，这就需要规范的试验设计、标准的调查取样方法以保障试验数据的一致性和可比性。为此，我们为基层农业科技人员编写了《水稻田间试验实用手册》，2013 年由中国农业出版社出版后深受欢迎。为满足广大读者的要求，我们进行再版。

第二版在保持原版基本框架的基础上，删除了诸如试验数据统计分析和科技报告写作等不必要和不常用的内容，增补了叶龄诊断、水稻生长发育的环境条件要求等内容，细化或精简了部分指标的测定方法、调查标准。全书共分五章，包括水稻的基础知识、田间试验设计、田间取样及样品制备方法、田间调查及测定方法、常用项目的测定。可作为基层农业科技人员的工具参考书或培训教材。书中的疏漏之处，诚请读者指正。

李红宇

2020 年 11 月

第一版前言

　　近年来黑龙江水稻种植面积迅速扩大，2012年达到372.33万 hm^2，平均每公顷产7 222.5kg，为黑龙江省的经济发展和国家粮食安全做出了重大贡献。水稻生产的标准化和高新生产技术的引进和推广在其中起到关键作用，然而目前在科研和生产中存在着取样、调查、测定和统计分析方法不规范、不统一的现象，不仅影响了试验数据的可比性和一致性，也不利于水稻标准化生产。因此，急需面向基层水稻科研、技术示范和技术推广人员的田间试验手册。

　　全书共分6部分，包括田间试验的概述，常用田间试验设计及统计分析方法，田间取样调查方法及标准，样品制备及常用项目测定方法，水稻考种、测产和品质分析，科技报告写作。可作为广大水稻科技工作者和水稻生产管理者的工具性参考书或培训教材。

本书的第 1 章、第 2 章、附录及附表由李红宇编写；第 3 章由郑桂萍编写；第 4 章由钱永德、吕艳东和李红宇编写；第 5 章由汪秀志、刘梦红和郭晓红编写；第 6 章由王海泽、刘丽华和陈秋雪编写。全书由郑桂萍负责修改补充和定稿。

书中的错误和不足之处敬请读者指正，以利于日后的修订。

编　者

2013 年 6 月

目　　录

目　　录

第1章 水稻的基础知识

1.1 全生育期

水稻的全生育期是指从出芽日至成熟日所需的天数，以 d 表示。黑龙江省水稻品种按照生育期分为不同熟期组（表 1-1）。

表 1-1 黑龙江省水稻品种审定的生育期、
有效积温和对照品种

项目	第一积温带		第二积温带		第三积温带		第四积温带	第五积温带
	晚熟组	早熟组	晚熟组	早熟组	晚熟组	早熟组		
生育期 (d)	146	142	138	134	130	127	123	120
有效积温 (℃)	2 750	2 650	2 550	2 450	2 350	2 250	2 150	2 050
对照品种	松粳 9 号	龙稻 18	龙稻 5 号	龙粳 21	龙粳 31	龙粳 46	龙粳 47	黑粳 10

在进行水稻品种比较试验或新品种选育时，确定品种生育期的简便方法是分别记录试验品种和对照品种的齐穗期，然后利用下式得其生育期：

参试品种生育期＝对照品种的生育期＋参试品种
与对照品种齐穗期相差日数

1.2 物候期

作物一生中外部的形态会发生一系列变化，根据这些变化表现出的特征，人为地按照一定的标准划分出来一个生长发育进行时间点，称这个时间点为物候期。

1.2.1 单株的物候期与划分标准

出苗：不完全叶突破芽鞘，叶色转绿。

分蘖：第一个分蘖露出叶鞘 1cm。

拔节：植株基部第一节间伸长达 1cm。

孕穗：剑叶叶枕与倒 2 叶叶枕距为 0cm。

抽穗：稻穗顶露出剑叶叶鞘 3cm。

乳熟：稻穗中部籽粒内容物充满颖壳，呈乳浆状，手压开始有硬物的感觉。

蜡熟：穗中部籽粒内容物呈浓黏状，无乳状物出现，手压穗中部籽粒有坚硬感。

完熟：水稻颖壳 80% 变黄，籽粒变硬，不易破碎。

枯熟：谷壳黄色褪淡，枝梗干枯，顶端枝梗易折断，米粒偶尔有横断痕迹。

1.2.2 群体的物候期与划分标准

当 10% 左右的植株达到某一物候期的标准时，称为这一物候期的始期。

当 50% 左右的植株达到某一物候期的标准时，称为这一物候期的盛期。

当 80% 左右的植株达到某一物候期的标准时，称为这一物候期的末期。

1.3　生育时期

作物的生育时期是指作物相邻两个物候期之间的一个时间段，也称为生育阶段。水稻的生育时期可从生长和发育、生理特征、形态和田间诊断的角度分为几个时段。

1.3.1　从发育角度分期

从发育角度分期可分为营养生长期和生殖生长期，分期以茎尖穗原基开始（穗首分化）分化为标志。

营养生长期是指植株营养器官根、茎、叶的生长阶段，一般是从种子萌发到幼穗分化以前。这一阶段包括出苗期、分蘖期和拔节期。

生殖生长期是指植株生殖器官幼穗、花、种子的生长阶段，一般是从幼穗分化到新种子的形成。这一阶段包括孕穗期、抽穗期、开花期和成熟期。

1.3.2　从器官的生长发育角度分期

可分为营养生长期、营养生长生殖生长并进期和生殖生长期。各以穗原始体开始分化和抽穗开花期为界。

1.3.3 从生理角度分期

可分为营养生长期、生殖生长期和结实期，这是以产量形成生理为依据的，即营养生长期主要形成供给器官，即吸收器官根和光合器官（源器官）叶；生殖生长期主要形成收容器官（库）颖花和支持器官（流）茎；结实期主要是光合物质和矿物质通过支持器官茎流向收容器官库而被储藏起来。为利用方便，常把分蘖期称为前期，把穗分化期称为中期，把结实（成熟）期称为后期。

1.3.4 从形态和田间诊断角度分期

从形态和田间诊断角度分期可以分为幼苗期、分蘖期、穗分化期、结实期。

（1）幼苗期

从幼芽露青 50% 开始，一直到插秧，整个秧田期为苗期。一般包括立针期、出苗始期、出苗期、齐苗期、离乳期。

立针期：第 1 片完全叶尚未展开时，稻苗呈针状，称为立针期。

出苗始期：幼芽露青占全区 10% 为出苗始期。

出苗期：幼芽露青占全区 50% 为出苗期。

齐苗期：幼芽露青占全区 80% 为齐苗期。

离乳期：稻苗从 2 叶露尖到 3 叶展开，经两个叶龄期，历时 12～16d，胚乳营养耗尽，故称离乳期。

黑龙江省水稻旱育苗的苗期一般为 4 月中下旬—5 月中下旬。

（2）分蘖期

分蘖期包括始期、盛期、末期（最高分蘖期）以及决定穗数的关键时期有效分蘖终止期。

分蘖始期：全区有 10％的植株出现新分蘖时（以新生分蘖叶尖露出主茎叶鞘外 1cm 为准）为分蘖始期。

分蘖盛期：分蘖增加最快的时期，全区有 50％的植株出现新分蘖时为分蘖盛期。

分蘖高峰期：分蘖数达到最多的时期为分蘖高峰期。

有效分蘖终止期：分蘖期茎数与收获穗数相同的时期。在此期之前出生的分蘖多为有效分蘖，以后出生的分蘖多为无效分蘖。

有效分蘖：在成熟期能够抽穗并且穗粒数为 5 粒以上的分蘖。

无效分蘖：在成熟期不能抽穗或能抽穗但穗粒数少于 5 粒的分蘖。

有效分蘖的判断标准：当主茎拔节、分蘖叶的出生速度仍与主茎保持同步时的为有效分蘖，速度明显变慢的为无效分蘖；拔节后一周，分蘖茎高达最高茎长 2/3 的为有效分蘖，不足者为无效分蘖；主茎拔节时，分蘖有 4 片绿叶的为有效分蘖，有 3 片绿叶的可以争取，有 2 片以下绿叶的为无效分蘖，或在拔节期分蘖有较多自生根系的为有效分蘖，没有或有很少自生根系的为无效分蘖。

栽培上插秧稻又分秧田期和本田期，幼苗期和分蘖期的一部分在秧田期完成，但习惯上称秧田期为幼苗期，插秧后有一段缓秧过程叫返青期，其后再开始分蘖。

（3）穗分化期

从幼穗分化开始到抽穗这一时期称为穗分化期（长穗期），包括穗分化各期、拔节期以及外观看到剑叶鞘膨鼓时的孕穗期；稻穗从分化开始到发育成穗称为幼穗分化期，可根据五期划分法分为以下几个时期。

第一期，苞原基分化。穗轴分化分节，处于倒 4 叶出生后半期，经历半个出叶期。

第二期，枝梗分化期。先后分化形成一次及二次枝梗，处于倒 3 叶出生期，经历 1 个出叶周期。

第三期，颖花分化期。分化形成花器（即颖花）以及雌、雄蕊，一般在倒 2 叶出生至倒 1 叶露尖期，约经历 1～2 个出叶周期。

第四期，花粉母细胞形成及减数分裂期。分化形成性细胞，一般在倒 1 叶出生中、后期，约经历 0.8 个出叶周期。

第五期，花粉充实完成期。配子体进一步发育成熟，外形上孕穗，相当于 1 个出叶周期左右。

拔节期：全田有 80% 的植株开始拔节的时期。

孕穗期：目测有 50% 的植株的剑叶全部露出叶鞘的时期。

（4）结实期

结实期（成熟期）包括抽穗开花期、乳熟期、蜡熟期、黄熟期和枯熟期。

始穗期：全田有 10% 的稻穗抽穗的日期，以"年-月-日"表示。每个穗的抽穗标准，以当穗部露出叶鞘外 3cm 时为准。

抽穗期：始穗期后，全田有 50% 的稻穗抽穗的日期，以"年-月-日"表示。

齐穗期：抽穗期后，全田有 80% 的稻穗抽穗的日期，以"年-月-日"表示。

乳熟期：50% 以上的稻穗中部籽粒的内容物为乳浆状，手压穗中部籽粒有硬物的感觉，持续时间为 7～9d。

蜡熟期：50% 以上稻穗中部籽粒内容物呈浓黏

状，无乳状物出现，手压穗中部籽粒有坚硬感，此期经历 7～9d。

完熟期：每穗谷粒颖壳 95％以上变黄或 95％以上谷粒小穗轴及副护颖变黄，米粒定型变硬，呈透明状，为成熟的标准，是收获的适期。

枯熟期：谷壳黄色褪淡，枝梗干枯，顶端枝梗易折断，米粒偶尔有横断痕迹，影响米质。

1.4 叶龄诊断

1.4.1 叶龄识别

（1）点叶龄

水稻点叶龄是最简单的叶龄识别方法。在水稻移栽前，可先在秧苗第 3 片完全叶上，用红色记号笔画一道红色线条，将标记的秧苗与其他秧苗同时移栽至大田，之后陆续标记单数叶。先出生的窄叶用线条表示，后出生的宽叶可直接在叶片上书写数字，跟踪至最后一片叶。

（2）种谷方向法

根据水稻是 1/2 开叶的道理，在水稻生育前期（苗期）用此法较为准确，即种谷侧为单数叶，相反侧为双数叶。具体方法是拔苗时按住种谷拔出，洗去泥土，在种谷颖尖侧为单数叶，相反一侧为双数叶，由此可判断当时的叶龄值。

（3）分蘖期双零叶法

N 叶移栽时，N 叶和 $N+1$ 叶呈双零，其上 1、2、3 叶分别为 $N+1$、$N+2$、$N+3$ 叶。

（4）主叶脉法

将叶尖向上，正面观察叶片，主叶脉偏右，左宽右窄为单数叶，双数叶相反。

（5）变形叶鞘法

4 个伸长节间的第一变形叶鞘为倒数第 4 叶。

（6）最长叶法

最长叶为倒数第 3 叶，其上为倒 2 叶和倒 1 叶。

以上叶龄识别方法，点叶龄和种谷方向法准确率达 100%，其他方法准确率达 70% 左右，需要多观察几片叶，以多数结果作为群体的代表。

1.4.2　叶龄模式

（1）叶龄和叶龄余数

叶龄是主茎已生出的完全叶数。

叶龄值是主茎已生出的完全叶数，用阿拉伯数字表示。

叶龄余数＝主茎叶数－当时叶龄

（2）拔节和拔节期

伸长节间数＝总叶数÷3

拔节期的倒数叶龄值＝伸长节间数－2

（3）盛蘖叶位和有效分蘖临界叶位

分蘖的盛蘖叶位＝总叶数÷2

有效分蘖临界叶位＝总叶数－伸长节间数

（4）出叶与分蘖生长的同伸关系

N 叶伸出，$N-3$ 叶出现分蘖，如 4 叶伸出（露尖），$4-3=1$，即 1 叶叶腋出现分蘖。

（5）出叶与内部心叶生长的同伸关系

出叶与内部心叶分化生长的关系：按同伸规律，N 叶露尖＝N 叶叶鞘伸长＝$N+1$ 叶片伸长＝$N+2$ 叶组织分化＝$N+3$ 叶组织分化开始＝$N+4$ 叶原基分化。即 5 叶露尖＝5 叶叶鞘伸长＝6 叶片伸长＝7 叶组织分化＝8 叶组织分化开始＝9 叶原基分化，由叶原基分化到露尖长出，经过 4 个叶龄期。即某叶露尖长出，其内部还包有 3 个幼叶和 1 个叶的原基。

N 叶露尖长出时，改变肥水条件会对 N 叶、$N+1$ 叶和 $N+2$ 叶等产生影响，对 $N+2$ 叶的影响最大，其次是 N 叶，对 $N+3$ 叶和 $N+4$ 叶的影响最小。

全生育期各叶片的生长时间和所需活动积温：营养生长期各叶片生长较快，平均 4～5d 长出 1 片叶，需活动积温为 85℃左右，其中 1～2 叶生长较快，3～4 叶生长较慢，5～8 叶又生长较快；生殖生长期各叶平均 6～7d 长出 1 片叶，需活动积温为

135℃ 左右，倒 2～3 叶生长较快，剑叶生长最慢。各叶寿命随叶位上升而延长，最上两叶寿命最长。

（6）功能叶

N 叶伸长，$N-2$ 叶为当前的功能叶。

1.4.3　诊断标准

（1）种子根发育期

播种后到第一完全叶露尖，时间为 7～9d。水稻地上部生长叶鞘、不完全叶、1 叶露尖，地下部生长种子根 1 条。种子根发育期间中茎长度不超过 3mm。

（2）1 叶期

时间为 5～7d。叶片长 2cm 左右，叶鞘高不超过 3cm，鞘叶节根 5 条，苗高 5cm 左右。

（3）2 叶期

时间为 5～7d。叶片长 5cm 左右，1～2 叶叶耳间距为 1cm 左右，不完全叶节根 8 条，苗高 9cm 左右。

（4）3 叶期

时间为 7～9d。叶片长 8cm 左右，2～3 叶叶耳间距为 1cm 左右，不完全叶节根 8 条，苗高 13cm 左右。

（5）4 叶期

移栽后，晴天中午有 50% 植株心叶展开，或早晨剑叶尖吐水，或植株发出新根，达到返青期的标准。返青后立即施用第一次分蘖肥，使肥效反应在分蘖盛蘖叶位。

机插中苗返青即出生4叶，故4叶也称为返青叶片。返青后的第4叶，叶片比叶鞘色浓，叶态以弯、披叶为主。4叶的最晚定型日期为6月5日。叶片定型长11cm左右，株高17cm左右。4叶期田间要有10%植株的第1叶长出分蘖。

（6）5叶期

最晚定型日期为6月10日（5月25日前移栽），叶长16cm左右，叶片色应浓于叶鞘，叶态以弯、披叶为主。11叶品种5叶龄（12叶品种为6叶龄）田间茎数达计划茎数的30%左右。

4.5～5.5叶期进行第二次除草，并防治潜叶蝇。

（7）6叶期

最晚定型日期为6月15日（5月25日前移栽），叶长21cm左右，叶色达浓绿，明显较叶鞘深，叶态以弯、披叶为主。11叶品种6叶龄（12叶品种为7叶龄）达到计划茎数的50%～60%。6叶期为11叶品种和12叶品种的盛蘖叶位。

5.5叶左右施完第二次分蘖肥，避免肥效反应在有效分蘖临界期之后；5.5～6.1叶防治负泥虫。

（8）7 叶期

最晚定型日期为 6 月 20 日，叶长 26cm 左右，叶色比 6 叶期略淡，叶态以弯为主。11 品种 7 叶龄（12 叶品种为 8 叶龄）茎数达计划茎数的 80%。11 叶品种为有效分蘖临界叶位和剑叶分化期（12 叶品种为 8 叶）。

（9）8 叶期

最晚定型日期为 6 月 25 日，叶长 31cm 左右，叶色平稳略降，但不可过淡，叶态以弯、挺为主，11 叶品种 7.5 叶时（12 叶品种为 8.5 叶时）达到计划茎数，水稻从营养生长转入生殖生长，并开始幼穗分化。

11 叶品种在 8 叶期晒田（12 叶品种在 9 叶期晒田）；11 叶品种在 7.1～8.1 叶期（12 叶品种为 8.1～9.1 叶期）施用调节肥，诊断标准为功能叶叶色褪淡 2/3 左右；11 叶品种在 7.5～8.1 叶期（12 叶品种为 8.1～9.1 叶期）防治叶瘟。

（10）9 叶期

最晚定型日期为 7 月 2 日，叶长 36cm 左右，叶态以直、挺为主。

（11）10 叶期

最晚定型日期为 7 月 9 日，11 叶品种叶长 31cm 左右（12 叶品种叶长 41cm 左右），叶鞘色深于叶片色，叶态以挺为主，茎数达到最高分蘖，无效分蘖开始死亡。水稻进入拔节期（12 叶品种在 11 叶龄），基部节间开始伸长，株高迅速增长。

9.5 叶左右施用穗肥；9.1～9.5 叶期防治叶瘟、胡麻叶斑病、细菌性褐斑病。

（12）剑叶期

11 叶品种 7 月 15—16 日叶龄达 11 叶进入孕穗期（12 叶品种 7 月 23 日左右进入孕穗期），7 月 25 日左右达到齐穗期。叶长 25cm 左右，叶鞘色深于叶片色。叶耳间距为－5～5cm 时为花粉母细胞减数分裂的小孢子形成初期，是影响寒地水稻花粉发育的低温最敏感期。

10.1 叶期左右防治纹枯病；叶耳间距为－5～5cm 时注意防御障碍性冷害。

（13）孕穗期

孕穗期叶面积指数达到最高值。诊断是否有鞘腐病、纹枯病、稻螟蛉发生。

（14）抽穗期

最晚抽穗期 11 叶品种在 7 月 25 日左右（12 叶品种在 8 月 1 日前后），出穗到齐穗 7d 左右。抽穗期的高产长相为：后 4 叶的叶片长度顺序为倒 2 叶≥倒 3 叶≥倒 1 叶；基部节间短，剑叶节的长度大于其下各节间的长度之和；根系发达，无根垫现象；有效分蘖成穗率 85% 以上，叶面积指数为 4.5～5.5，高效叶面积率在 85% 以上，有效叶面积率在 95% 以上。

诊断是否有穗颈瘟、鞘腐病、胡麻叶斑病、细菌性褐斑病、褐变穗等病害和稻螟蛉的发生。

（15）结实期

抽穗以后，叶色转绿，但浅于孕穗期叶色，叶片褪色慢；根部呈白色，黑根和腐根较少，直至蜡熟期仍然有少量分枝根发生。叶面积指数在水稻灌浆期为 4.0～5.0，结实期需要诊断植株是否早衰，如叶色呈棕褐色，叶片最初纵向微卷，然后叶片顶端出现白色的枯死状态，叶片弯曲，从远处看一片枯焦；根系生长衰弱，绵软无力，甚至出现黑根；穗形偏小，穗基部结实率低，粒色淡白，"直脖穗"较多，则说明植株出现早衰。

诊断是否有粒瘟和枝梗瘟发生。

（16）收获期

水稻出穗后最少 35d，活动积温达 900℃ 以上，达到成熟标准时，适期收割。

1.5　寒地水稻生长发育的环境条件要求

1.5.1　种子发芽

稻种吸水膨胀、胚根突破谷壳露出白点，称为

"破胸"或"露白"。当胚芽长度等于种子长度的一半、种子根长度与种子长度相等时，称为"发芽"。种子发芽分为吸胀、萌动、发芽 3 个时期。

（1）种子发芽的吸水量

水稻种子发芽所需的最低吸水量有差异。籼稻最低吸水量一般为其种子重量的 15%，粳稻最低吸水量为 18%，即约为种子饱和吸水量的 60%，但是在此吸水量下发芽慢且不整齐。要实现发芽良好，须使种子吸水达到饱和程度，即约为种子重量的 25%（籼稻）和 30%（粳稻）左右。达到饱和吸水量所需时间因温度而异，水温为 30℃ 时约需 35h，水温为 20℃ 时约需 64h，水温为 10℃ 时需 80h 以上。

（2）浸种的温度要求

黑龙江水稻生产上，一般要求浸种温度在11～12℃，时间为 7～8d，浸种积温达到 85～100℃，烘干种子要延长浸种时间 2～3d，但不宜增加浸种温度，严防温度过高浸种过度使种子内含物外渗，影响浸种质量。

（3）发芽的温度要求

发芽的最低温度，粳稻为 8～10℃，籼稻为 12℃，最高临界温度为 40～45℃，最适温度为 28～32℃。同时，水稻发芽对温度的要求，因品种不同而异。若温度长时间超过 42℃，则种芽细胞质停止流动，以致烧芽。

（4）催芽的温度要求

采用智能化催芽技术。将浸好的种子整齐码在催芽箱内（距催芽箱边缘 10～15cm），先加入35～38℃的温水（或经过加热的浸种液）没过种子 5～6cm，待种子表面温度不再升高时，将水抽出，重新加入 35～38℃ 温水（或加热后的浸种液），至种子表面温度达到 30～32℃ 时，抽净催芽箱内所有的水分，将催芽箱上部盖好，防止顶部热量散失过快，因温度过低而导致出芽不齐；种子破胸时，温度上升很快，当温度超过 32℃ 时，立即用 25～26℃ 的温水进行降温，保证种子在 25～28℃ 的适温条件下进行催芽，时间为 20～24h；催芽时要保证种子内外、上下温度均匀一致。当种子芽长到 1.5～1.6mm 时，再注入 18～20℃ 温水一次，以降低种子表面温度，减缓芽种生长速度，并使其接近外界温度；当种子芽长达到 1.8mm 时即可出箱，种子内部的余温即可使种子芽长到 2mm 左右。

（5）发芽的氧气要求

水稻一生中，植物体单位面积呼吸量以发芽期为最大。氧气浓度大，幼根的生长发育良好，21%

左右的氧气浓度最为理想。水稻种子发芽的过程中，酶的活动旺盛，呼吸作用加强，需要有充足的氧气，才能有新细胞的形成和新器官的分化，而缺氧时，只有细胞的伸长，而不能进行细胞分裂，不能产生新细胞、新器官，发芽率大大降低。因此，必须充分满足水稻种子发芽期对氧气的需求。

1.5.2 幼苗生长

（1）开始播种的界限温度

黑龙江省水稻保温育苗，一般在当地平均气温稳定通过 5℃，棚内盘土温度（有地膜）稳定通过 12℃时开始播种，旱育机插中苗适播期为 4 月 8—18 日（具体视气象条件而定）。

（2）幼苗生长的温度要求

在恒温条件下，粳稻出苗的最低温度为 12℃，籼稻为 14℃，在最低温度下出苗率很低，且出苗缓慢。一般日平均气温达到 13℃时才能开始生长，15℃以上时正常生长，25℃时生长最快。温度高，虽然生长快，但是苗体弱，一般日平均气温 20℃左右对培育壮苗最为有利。

幼苗能抵抗一定低温，但其抵抗能力随叶龄增加而降低。一叶期，幼苗根少，氮素代谢能力弱，而种子中胚乳迅速转化，糖源丰富，能直接满足其生长需要，抗寒力强。二叶期，根系逐渐发达，有吸肥能力，氮素代谢加强，叶面积增大，光合作用能力还较弱，种子内胚乳已大量消耗，糖源不足，抗寒力弱。三叶期，根多、叶茂，吸肥能力强，氮素代谢旺盛，光合能力增强，但种子内胚乳已耗尽，幼苗进入离乳期，由自养生长转为异养生长，抗寒力弱。幼苗第1片叶前，可耐−2～−4℃低温，2～3片叶时可耐−2～0℃低温，3片叶以后耐1～3℃低温。长期处于15℃以下的温度，叶片易黄化。籼稻品种特别是杂交籼稻对低温更敏感。

（3）苗田管理的温度标准

种子根发育期（播种后到不完全叶抽出），约需7～9d，要求盘土表面温度不超过35℃，浇水时要用温度16℃以上（最适温度为18～20℃）的温水浇苗，严禁用温度低于10℃的冷水浇苗，严防冷害。

第1完全叶伸长期（第1完全叶露尖到叶枕露出），叶片完全展开，约需5～7d。秧苗第1高度叶下1cm处温度控制在25～28℃，最低温度不低于10℃。浇水时水温控制在18℃以上，最适水温为20～22℃，严禁使用15℃以下的水浇苗，严防冷害伤苗。

离乳期（第2叶露尖到第3叶展开）约需10～14d。秧苗第1高度叶下1cm处，温度控制在2叶期 22～25℃，最高不超过 25℃；3 叶期 20～22℃，最高温度不超过 25℃，最低温度不低于 10℃。浇水时水温要在 20℃以上（最适水温为 22～25℃），严禁用温度低于 18℃的水浇苗。

第 4 叶伸长期（旱育大苗从 4 叶露尖到展开），约需 6～8d。秧苗第 1 高度叶下 1cm 处温度不超过 20℃。

移栽前准备期，中苗 3.1～3.5 叶，大苗4.1～4.5 叶，时间为 3～4d。

（4）幼苗生长的氧气要求

秧苗生长要求有充足的氧气，秧苗在 3 叶期以前，主要靠胚乳营养生长。在缺氧条件下，胚乳储藏物质的能量转化效率和器官建成效率均低，不利于培育壮苗。3 叶期以前根系尚无通气组织，秧田必须保持通气，3 叶期以后根部通气组织形成，对土壤缺氧的适应能力有所增强。秧苗对土壤含水量反应敏感，土壤含水量与秧田通气及温度高低有关。在出苗前，秧田保持田间最大持水量的40%～50%，即可满足发芽出苗的需要；3 叶期以前，土壤适宜含水量为 70%左右，水分过多，氧气不足不易扎根；3 叶期以后，气温增高，叶面积增大，土壤水分少于 80%时，光合作用受阻，秧苗生长发育缓慢。

（5）幼苗生长的养分需求

3叶期前以胚乳营养为主，称为胚乳营养期或异养生长期，3叶期为离乳期，以后进入自养生长期。实际上胚乳养分在2叶期已经被大部分消耗。根一生出便吸收土壤养分。在适温光照条件下，播后2d，根吸收的外源氮占植株总氮的27.65%，播后4d占42.38%，播后10d占63.16%。因此，在离乳期光合物质和土壤养分已经积极参与幼苗生长。磷、钾在低温下的吸收弱，秧苗磷、钾含量高，抗寒能力强，而且在体内的再利用率高，故氮、磷、钾均要早施。

（6）幼苗生长的适宜pH

育苗床土pH以4.5～5.5为宜。

（7）移栽期界限温度

当地日平均气温稳定通过13℃，泥温稳定通过15℃时为移栽始期，常规机械插秧期为5月10—25日，钵育摆栽期为5月15—25日。建议在水稻高产插秧期5月15—25日进行插秧。

1.5.3　叶片生长

（1）叶片生长的温度要求

完全叶叶尖露出到叶枕抽出，叶片完全展开，营养生长期平均为4～5d，需活动积温85℃左右，生殖生长期平均为6～7d，需活动积温135℃左右。

稻叶生长以气温 32℃、土温 30～32℃ 最为适宜，温度在 7℃ 以下或 40℃ 以上，稻叶停止生长。寒地水稻生长期间，外界环境所能提供的日平均温度为 1～3 叶 20～25℃，4～6 叶 15～20℃，7 叶以后 20～25℃。

叶片的光合作用在 15℃ 以上正常进行，25～35℃ 时最强，高于 35℃ 时下降。35℃ 时水稻的呼吸作用较 25℃ 时增强 1 倍，净光合产物较 35℃ 时减少。25～30℃ 利于光合作用的进行和叶片寿命的延长。

寒地水稻从移栽到拔节期，环境温度低于稻叶发育最适宜温度，应通过浅水灌溉、间歇灌溉及井灌区设置晒水池等措施提高水温、地温，以适应稻叶的生长和叶片寿命的延长。

（2）叶片生长的光照要求

90% 以上的作物产量由光合作用提供，叶片是水稻进行光合作用的主要器官。叶片的光合产量占全株总光合产量的 86.9%，叶鞘的光合产量占 9.4%，穗部光合作用产生的糖类与其呼吸作用消耗的糖类相当。

水稻光饱和点为 40 000～50 000lx，光补偿点为 600～700lx。水稻不同发育阶段的需光量不同，本田初期的光饱和点在 30 000lx 左右，而孕穗期其群体葱茏簇拥，光饱和点几乎消失，即光照越强光合量越大。

（3）叶片生长的矿质营养需求

为保持叶片较强的光合能力，叶片各种矿质营养的最低含量是：N 2%、P_2O_5 0.5%、K_2O 1.5%、SO_3 0.7%、Mg 0.4%、CaO 0.2%。

1.5.4 分蘖发生

（1）分蘖发生的界限温度

水稻发生分蘖的最适气温为 30～32℃，最适水温为 32～34℃。气温低于 20℃、水温低于 22℃，分蘖缓慢；气温低于 15～16℃、水温低于 16～17℃，或气温高于 38～40℃、水温高于 40～42℃，分蘖停止。

据测定，在水稻的有效分蘖期内，日平均温度在 22℃ 以上，最高温度为 27℃ 左右，即可满足分蘖对温度的要求。土温和水温对水稻分蘖的影响较大，在分蘖期，浅水勤灌、日浅灌、夜深灌，有利于提高土温，促进分蘖，能有效地避免低温引起的僵苗现象。在正常情况下，水稻分蘖节长 1.0～1.5mm，在表土下 3.3cm 左右，温度高，通风好，有利于分蘖。如果插秧过深，会使分蘖节处于表土3.3cm 以下，土温较低，通气不良，会迫使分蘖节升高，开成"二段根"或"三段根"，不但会推迟分蘖发生的时间，而且浪费养分，使有效分蘖减少，与主茎差距加大，穗型小，成熟时间也不一致。

（2）分蘖的光照要求

水稻分蘖期间，如遇阴雨寡照，则分蘖迟发，分蘖数减少。光照强度越低，对分蘖的抑制越严重。光照强度低至自然光照强度的 5％时，分蘖停止。水稻分蘖期的光饱和点为 $5×10^4$ lx，一般条件下，晴天的光照强度在 $10×10^4$ lx 以上，阴天也有 $1×10^4～2×10^4$ lx，可以满足水稻分蘖需要。发生分蘖的临界日照量约为 837.4J/(cm^2·d），秧田叶面积指数达 3.5、本田达到 4.0 时，分蘖停止。生产实践中，要合理密植，使株间、穴内光照条件良好，确保稻株发育，利于分蘖，提高分蘖成穗率。

（3）分蘖的矿质营养需求

在营养元素中，氮、磷、钾对分蘖的影响最为显著。分蘖期植株体内三要素的临界量是氮 2.5％、磷（五氧化二磷）0.25％、钾（氧化钾）0.5％。叶片含氮量为 3.5％时分蘖旺盛，含钾量为 1.5％时分蘖顺利。

1.5.5 根系生长

（1）根系生长的界限温度

稻根生长的最适温度为 25～30℃，最低温度为 12～15℃，最高温度为 40～46℃。当土壤温度高于 35℃时，对根的生长不利；低于 15℃时，发根力和吸收能力明显减弱。

（2）根系生长的光照度

光强能促进根系生长。在自然光照下，叶片光合产物的 17% 运往根部；自然光减半，运往根部的光合产物为 12%；自然光再减半，只有 1% 运往根部。在长穗期对稻株基部进行遮光，可使上位根数减少 44%，总根量减少 37.1%，根系活力下降30%～44%。

（3）土壤的通透性和还原物质

稻根的发育需要氧气，在氧气充足的土壤条件下，根系生长良好，吸收水分、营养也较多，使地上部生长旺盛，光合产物也相应增多，这些物质又被送到根部，进一步促进根的生育。土壤还原性过强，便产生硫化氢、乳酸、丁酸、亚铁离子等。硫化氢与铁化合成硫化铁，使稻根变成黑色；在铁少的情况下，稻根中毒呈灰色。乳酸、丁酸危害稻根，呈水浸状、发出臭味，并抑制养分的吸收。因此，要改善稻田的排水设施，保持土壤良好的通透性，采取搁田、晒田等措施，供给根系氧气，促进其健壮生长。

稻田土壤氧化还原电位（Eh）是指稻田土壤中存在的氧化物质和还原物质之间进行氧化还原反

应时所产生的电位值。根据 Eh 值，土壤的电位分为：

强氧化 ＞700mV，通气性过强，土壤完全处于氧化条件下，有机物质会迅速分解。

氧化 400～700mV，氧气占优势，各物质以氧化态存在，对旱作有利，不太适合种植水稻。

弱度还原 200～400mV，NO_3^-、Mn^{4+} 被还原，水稻生长正常，旱作受影响，反硝化开始发生。

中度还原 －100～200mV，Fe^{3+}、SO_4^{2-} 被还原，出现有机还原性物质，旱作发生湿害。

强度还原 ＜－100mV，二氧化碳还原，水稻受害，且硫化物开始大量出现。

旱地土壤的 Eh 一般在 400～700mV，水田的 Eh 在－200～300mV。

（4）土壤营养

在各种肥料成分中，氮素对稻根的生长影响最大，氮量适中根系多，氮过量根系减少。地上部过分繁茂，根多而短，分布浅，易早衰。氮量相同的情况下，分次追肥，高节位分枝根多、分枝次数多；全层施肥的下层根好些，深层追肥比全层施肥的下层根多。当植株含氮量在 1% 以上时，根原基才能迅速发育成新根。磷和钾可使根长、根数增加，并向深层分布。氮、磷、钾供给平衡，可使稻根生长和功能保持在旺盛水平。厩肥营养全，可改良土壤，并分解产生一些促进根系生长的物质，利于根的发育。

1.5.6　穗发育

（1）幼穗发育的温度要求

幼穗发育的最适温度是 30～32℃，昼温 31～32℃、夜温 21～22℃、平均温 26～27℃ 为粳稻幼穗发育的适宜温度。黑龙江省农垦科学院水稻研究所以 10～11 片叶品种为材料，对幼穗发育与活动积温关系的研究结果表明，第一苞分化到第一次枝梗分化，需 2～3d，需活动积温 55℃ 左右；第一次枝梗分化到第二次枝梗分化，需 3～5d，需活动积温 80℃ 左右；第二次枝梗分化到雌雄蕊形成，需 5～7d，需活动积温 150℃ 左右，雌雄蕊形成到减数分裂，需 7～9d，需活动积温 180℃ 左右；由减数分裂到出穗，需 9～12d，需活动积温 260℃ 左右。

在适宜温度范围内，随温度升高，幼穗分化发育加速，低温则延迟或抑制发育。减数分裂期对低温最为敏感，若遇 15℃ 以下的日最低温度，花粉粒的正常发育就会受到影响，如在 13℃ 以下花粉粒的发育受到严重影响，甚至导致雄性不育，从而导致结实率大大降低。在幼穗分化期，特别是幼穗分化前期遭遇低温，可在夜间灌水 20cm 左右，对分化部位进行保护。幼穗发育的上限临界温度为 40~42℃，超过此界限温度会损害雄性生殖器官，也会降低花粉在柱头上的发芽率，引起颖花大量退化和不孕，其中粳稻比籼稻更易受害。

（2）幼穗发育对光照的要求

幼穗分化发育需要充足的光照，光照减弱，生殖细胞不能形成或延迟形成。颖花分化期光照不足，则颖花数减少；减数分裂前和花粉充实期光照不足，会引起颖花退化，不孕花增多。在幼穗分化初期用两层纱布遮光，每穗颖花数减少 30%，二次枝梗的退化率比一次枝便的退化率高。在长穗过程中，如封行过早，群体郁闭，或长期阴雨，则不利于幼穗分化。应在幼穗分化后 7~10d 控制封行，以达到壮株大穗的目的。

（3）土壤营养

幼穗发育期间需要较多的营养，其中氮素的影响最大。在幼穗分化始期施用氮肥，虽能增加枝梗和颖花数，但易使中部叶片及基部节间伸长，影响植株结构而导致倒伏。在颖花分化期间施用氮肥，可防止枝梗、颖花退化，增花保粒，不改变株型，增产效果好。钾肥能增强光合作用，故在施肥中适当施用钾肥，有较好的效果。

（4）水分

一般土壤含水量要达到最大持水量的 90% 以上，才能满足幼穗发育的要求。特别是在减数分裂期不能缺水，否则颖花将大量退化。但如果土壤长期淹水，通气不良，根系活力受阻，甚至出现黑根、烂根，也会引起颖花的大量退化。

1.5.7　抽穗

正常天气，稻穗从剑叶鞘露出到全穗抽出约需 4～5d，第 3 天伸长最快。抽穗的快慢取决于穗颈节间的伸长速度，气温高则抽穗快，抽穗的最适温度是 25～35℃，温度过低或过高均不利于抽穗。日平均气温稳定在 20℃ 以上、不出现 3d 平均气温低于 19℃ 的天气，即可安全齐穗。抽穗期遇 20℃ 以下气温，抽穗进程变慢，抽穗期延长，包茎现象增加，甚至花粉不发芽，形成空壳。

1.5.8　开花

（1）开花授粉的时间

颖花自始开至全开，需 13min 左右。每个颖花自始开至闭约需 1h。9：00—10：00 开花，11：00—12：00 最盛，14：00—15：00 停止。1 个穗从始花到终花，需 5～8d。水稻开花时花药开裂，花粉粒散落在雌蕊的柱头上，经 2～7min 花粉发芽，伸出花粉管，沿柱头进入子房，达到胚珠，钻进珠孔，进入胚囊，经 9～12h 后开始受精，在授粉后 18～24h 受精完毕，子房开始膨大，进入结实阶段。

（2）开花的温度要求

开花的最适温度，因品种及外界环境条件的不同而有差异，一般是 30～35℃，开花的最高温度为 40～42℃，最低温度为 15℃。水稻花粉发芽温度以 30～50℃ 最为适宜，最高为 50℃，最低为 10℃。花粉管伸长所需温度与发芽温度相同。湿度过高（饱和时）或过低（干燥），均不利于花粉的发芽和花粉管的伸长。日平均温度低于 20℃（日最高温度低于 23℃）或高于 35℃ 都有可能出现大量空秕粒。

（3）开花的湿度要求

水稻开花最适宜的湿度为 70%～80%，一般在 50%～90% 的范围内均能开花。湿度过低，会影响花丝的伸长和花药的开裂。

1.5.9 灌浆结实

（1）结实期的界限温度

水稻开花后 6～7d，米粒可达到最大长度；开花后 9～12d，可接近米粒宽度最大值；开花后 12～15d，接近米粒最大厚度。米粒鲜重在开花后

10d 增长最快，25～28d 达到最大值。干重增加的高峰期在开花后 15～20d 出现，到 25～45d 后干重达到最大值。

灌浆结实期的适宜温度为 21～25℃，温度过高（超过 37℃）使细胞老化，易出现高温逼熟，而温度过低（17℃以下）降低酶的活性，同化物向穗部的输送变慢，成熟延迟，籽粒瘦小。昼夜温差大，对灌浆成熟有利，夜温低，绿叶衰老慢，植株呼吸强度低，利于同化物的积累，增加粒重。粳稻抽穗后 10d 内，昼温 29℃，夜温 19℃，成熟期间昼温 24～26℃，夜温 14～16℃，对水稻增产有利。

（2）成熟所需积温

水稻出穗后需要经过最少 35d，活动积温达 900℃以上，才能达到成熟标准（95％以上颖壳变黄、谷粒定型变硬、米呈透明状或 95％以上小穗轴黄化）。

第2章　田间试验设计

2.1　田间试验的概念

在大田条件下进行的试验称为田间试验。农业生产是在开放的自然条件下进行的，农作物生长过程中受到温、光、水、气、热、病、虫、草等环境条件的影响。田间试验是农业科学研究的主要方式。田间试验一般以作物为研究对象，农作物自身和其所处的试验环境具有复杂性，二者的互作则更为复杂。因而必须经过周密设计、严格实施、科学分析才能获得准确的试验结果。

2.2　制订试验方案的要点

2.2.1　明确试验任务，确定研究对象

设计试验方案之前必须对前人的研究进展有充分的了解，要明确试验的任务，确定研究对象和研究目标。

2.2.2　确定试验因素，拟订试验处理

试验因素不宜过多，一个试验最好抓住 1～2

个或少数几个主要因素，解决关键性或急需解决的问题。研究的初期阶段，一般针对关键因素开展单因素试验，明确其效应后，再以此为基础进行多因素试验，以深入研究因素之间的相互作用。如果一个问题涉及的因素多，可先做单因素试验，再根据多个单因素试验的结果精选试验因素和处理（水平），进行多因素试验或组合因素试验。

试验处理的最高值和最低值要适当，根据相关的专业知识和研究目的酌情确定。供试因素的处理数和两个相邻处理的间距也要适当，并且一定要包括可能的最佳处理。单因素试验，试验处理数可以为 10～20 个；多因素试验，试验处理组合数可以为 20 个左右。

绝大多数试验处理的间距都是等差的，即等间距的，例如进行水稻氮肥试验，全生育期纯氮用量设置 5 个水平，分别为 $0kg/hm^2$、$40kg/hm^2$、$80kg/hm^2$、$120kg/hm^2$、$160kg/hm^2$。另外，常用的还有等比法和黄金分割法等。等比法是指任意两个相邻处理数量比值相同，例如 5 个水平分别是 $10kg/hm^2$、$20kg/hm^2$、$40kg/hm^2$、$80kg/hm^2$、$160kg/hm^2$，任意两个相邻处理之比为 1∶2。黄金分割法利用黄金分割值 0.618 设置试验处理，当试验指标与因素水平间呈抛物线关系时，选出因素处理的两个端点值，再以 $L =$（最大值－最小值）× 0.618 为处理间距，用最小值＋L 和最大值－L 的方法确定处理。例如水稻全生育期纯氮用量试验，最高施肥量为 160kg/hm²，最低施肥量为 0kg/hm²，则处理间距 $L =$（160－0）× 0.618 ＝ 98.88kg/hm²，纯氮用量试验处理分别为：0kg/hm²、61.12kg/hm²、98.88kg/hm²、160kg/hm²。

2.2.3 贯彻唯一差异原则

为保证试验结果的可比性，试验中除了要比较的试验处理间有差异外，其他各种试验条件都应相同或相近，例如喷施叶面肥试验，处理喷施"水＋肥"，为满足唯一差异原则，对照应当喷施等量清水；育苗试验，应当先测定种子的发芽率和千粒重，然后根据试验要求的密度，反推单位面积所播种子的重量。

2.2.4 设置对照

试验方案中一般应包括对照。对照是与各处理或处理组合比较的标准处理，绝大多数试验都需要设置对照。根据研究目的和内容，不同试验需要设置不同的对照，品种比较试验一般选用当地当前的主栽品种（当家品种）做对照，栽培试验一般选用当地正在使用的或当地当前最优的栽培技术做对照，施肥试验一般用不施肥做对照，灌水试验一般用不灌水做对照，根外喷肥试验一般用喷等量清水做对照或设置不喷和喷等量清水两个对照。

2.2.5 正确处理试验因素与试验条件的交互作用

在某种试验条件下获得的最优处理组合，换了其他条件不一定还是最优处理组合。因此，在拟定试验方案时，必须充分考虑试验因素与条件因素间的关系，尤其是那些与试验因素可能存在互作的条件因素，可在多种条件因素下分别进行同一单因素试验（如多点试验），然后将试验条件（如地点）也作为一个试验因素，进行试验结果的联合统计分析。

2.3 田间试验设计的三个基本原则

2.3.1 重复原则

田间试验中同一处理或处理组合重复出现的次数或所占用的试验小区数即重复次数。重复有两个作用：一个是估计试验误差，另一个是降低试验误差，提高试验的精确度。

2.3.2 随机排列原则

随机排列是指一个处理或处理组合在试验中有同等机会被分配到任意试验单元，以保证时间和空间上的公平性。随机排列有两个作用：一是避免系统误差，二是获得无偏的试验误差估计。

2.3.3 局部控制原则

试验中将试验小区分成与重复次数一样多的组，使每一组中的试验小区数等于处理或处理组合数，且使同组中试验小区的土壤肥力等试验条件尽可能均匀一致，而不同组的试验小区允许存在差异，即局部控制。

除了土壤肥力差异外，其他外部条件存在的趋向式变化，如温度、光照、操作人员作业水平、操作时间等，或由同一人、同一组人操作，或在同一时间操作，这也是局部控制。局部控制的作用在于把控制的试验条件作为一个因素——区组，在方差分析中可以把局部控制的区组变异从总变异中分解出来，从而减少试验误差，提高试验的准确度和灵敏度。

2.4 常用田间试验设计方法

2.4.1 顺序排列的试验设计

（1）大区对比法

设计方法是排列采用顺序排列法或随机排列法均可。如果采用顺序排列法，最好将对照设置在试验中间，以便田间观察评比。大区对比试验由于小区面积较大，一般在 330m² 以上，因而不设重复。如果处理数过多，可适当增加对照小区。大区排列方向应与肥力趋向或坡向相垂直。

常用于少数处理的示范试验（图 2-1）。

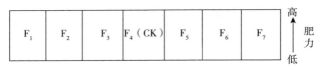

图 2-1 施肥方式大区对比试验排列图

（2）对比法设计

设计方法是每个处理小区均与对照区相邻，使每个处理均可与其相邻的对照直接比较。重复排列成多排时，不同重复内小区可排列成阶梯式或逆向式，以避免同一处理的各小区排在一条直线上（图 2-2、图 2-3）。

Ⅰ	1	CK	2	3	CK	4	5	CK	6	7	CK	8
Ⅱ	7	CK	8	1	CK	2	3	CK	4	5	CK	6
Ⅲ	5	CK	6	7	CK	8	1	CK	2	3	CK	4

图 2-2 8 个品种 3 次重复对比排列（阶梯式）

常用于少数处理的比较试验和示范试验。

其优点是由于相邻小区之间土壤肥力的相似性，对比法设计使试验处理与对照的比较有较高的精确度，并有利于观察；缺点是对照区过多，要占

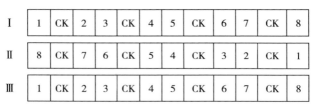

I	1	CK	2	3	CK	4	5	CK	6	7	CK	8
II	8	CK	7	6	CK	5		CK	3	2	CK	1
III	1	CK	2	3	CK	4	5	CK	6	7	CK	8

图 2-3　8个品种3次重复对比排列（逆向式）

据 1/3 的试验地面积，土地的利用率不高。

（3）间比法设计

设计方法是在一条地上，排列的第一个小区和末尾的小区一定是对照（CK）区，每两个对照区之间排列相同数目的处理小区，通常是 4 个或 9 个，重复 2～4 次（图 2-4、图 2-5）。

I	CK	1	2	3	4	CK	5	6	7	8	CK	9	10	11	12	CK	13	14	15	16	CK
II	CK	16	15	14	13	CK	12	11	10	9	CK	8	7	6	5	CK	4	3	2	1	CK
III	CK	1	2	3	4	CK	5	6	7	8	CK	9	10	11	12	CK	13	14	15	16	CK

图 2-4　16个品种3次重复的间比法排列（逆向式）

I	CK	1	2	3	4	CK	5	6	7	8	CK	9	10	11	12	CK	13	14	15	16	CK	17	CK
II	CK	17	16	15	14	CK	13	12	11	10	CK	9	8	7	6	CK	5	4	3	2	CK	1	CK
III	CK	1	2	3	4	CK	5	6	7	8	CK	9	10	11	12	CK	13	14	15	16	CK	17	CK

图 2-5　17个品种3次重复的间比法排列（逆向式）

主要用于处理数较多、精确度要求不太高且采用随机区组设计有困难的试验，育种前期试验、大量品种的展示试验等经常采用这种方法。

其优点是设计简单、操作方便，可按品种的成熟期或株高等排列，以减少植株间的生长竞争；缺点是各处理小区的安排不是随机的，估计的误差有偏差，理论上不能应用生物统计方法进行处理间的差异显著性检验。当有明显的土壤肥力梯度时处理间的比较将会产生系统误差。

2.4.2　随机排列的试验设计

（1）完全随机设计

完全随机设计将各处理随机分配到各个试验单元（小区）中，每一处理的重复数可以相等或不相等，这种设计使每个试验单元都有机会接受任何一种处理。

常用于土壤肥力均匀一致的田间试验和在实验室、温室中进行的试验。

例如要比较 4 个水稻品种在低温下的发芽率，进行培养箱培养试验，每个培养皿为一个单元，每个品种播 4 个培养皿，共 16 个。将每皿标号 1，2，……，16，利用随机数字表或抽签或计算机产生随机数字，品种 1 为（14，13，9，8），品种 2 为（12，11，6，5），品种 3 为（2，7，1，15），品种 4 为（3，4，10，16）。

（2）完全随机区组设计

设计方法是按肥力状况，将试验地划分为与重复次数一样多的区组，每个区组中再分若干个试验小区，原则上区组内各小区土壤肥力要求均匀，但区组之间容许有一定差异。一个区组安排一次重复，区组内各处理随机排列。

适用于单因素、多因素及综合性试验，处理数不能太多，一般在 10 个左右，不超过 20 个。这是随机排列设计中最常用且最基本的设计（图 2-6、图 2-7）。

I	II	III	IV
7	4	2	1
1	3	1	7
3	6	8	5
4	8	7	3
2	1	6	4
5	2	4	8
8	7	5	2
6	5	3	2

低 ———————————————→ 高

肥力

图 2-6 8 个品种 4 个重复的随机区组排列

Ⅰ	Ⅱ	Ⅲ	Ⅳ
A2B2	A1B3	A2B4	A2B1
A1B1	A2B1	A1B2	A1B2
A2B4	A2B3	A2B3	A1B4
A1B3	A1B4	A1B3	A2B4
A2B1	A2B2	A1B4	A1B3
A1B2	A2B4	A2B2	A2B2
A2B3	A1B2	A1B1	A2B3
A1B4	A1B1	A2B1	A1B1

低 ———————————————→ 高

肥力

图 2-7　4 个重复的二因素随机区组排列

（A 因素 2 水平，B 因素 4 水平）

　　其优点在于：①设计简单，容易掌握。②具有伸缩性，单因素、多因素以及综合性的试验都可应用。③能提供无偏的误差估计，并有效地减少单方向肥力差异对试验结果的影响，降低试验误差。④对试验地的地形要求不严，必要时，不同区组亦可分散设置在不同地段上。

　　其不足之处在于：①这种设计处理数不宜太多，也不宜太少，一般 10～20 个比较合适，因为处理太多，区组必然增大，局部控制的效率降低；

处理太少，试验误差的自由度太小，试验的灵敏度降低。②只能控制一个方向的土壤差异。③试验中不能有缺区，否则将破坏正交性。

（3）裂区设计

裂区设计是一种二因素随机不完全区组设计。其方法是把两个因素分两次分别进行设计。先按单因素随机区组设计的方法设计第一个因素（主处理），由此形成的小区称为主区；然后将每个主区都划分为与第二个因素（副处理）的水平数相等的小区，在这些小区中随机地排列第二个因素的各个水平。这种在主区里面形成的小区称为副区，裂区设计因将主区分裂为副区而得名。

通常在下列几种情况下，应用裂区设计。

①如果一个试验因素的各处理比另一试验因素的各处理需要更大的小区面积，应使用裂区设计，将需要更大面积的因素作为主处理。例如耕作方式和品种的二因素试验，耕作需要农机在田间作业，比品种处理需要更大的小区面积，可作为主处理，安排在主区，将品种作为副处理安排在副区。

②试验中某一因素的主效比另一因素的主效更为重要，而要求更精确的比较，或两个因素间的交互作用比其主效是更为重要的研究对象时，亦宜采用裂区设计，将要求更高精度的因素作为副处

理，另一因素作为主处理。

③根据以往研究，一个试验因素的效应比另一个试验因素的效应更大时，宜采用裂区设计，将可能表现较大差异的因素作为主处理安排在主区，而将另一个试验因素作为副处理安排在副区。

④有时一个单因素试验已经在进行，但临时又发现需要加上另一个试验因素。这时可将已进行的试验因素作为第一个试验因素，要加上另一个试验因素作为第二个试验因素，把已经进行试验的每一个小区作为主区，再划成若干个较小的小区作为副区，而将新增的试验因素的各个处理安排上去，形成裂区设计（图 2-8）。

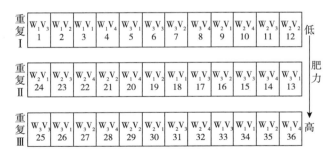

图 2-8　灌水次数×品种的裂区设计田间种植图

注：3 种灌水次数，以 W_1、W_2、W_3 表示；4 个品种，以 V_1、V_2、V_3、V_4 表示；重复 3 次；小区下部的数字为小区编号。

2.5 田间试验的实施

2.5.1 田间试验误差

田间试验在试验过程中存在大量误差因素的干扰，试验所用的材料是植物有机体，而试验所在的大田又受着难以控制的自然环境条件的影响，其试验误差常比工业的、理化的试验误差大得多。所以为做好田间试验，必须仔细分析试验误差的可能来源，以便设法控制和降低误差。

2.5.2 试验误差的来源

（1）试验小区条件不一致

试验小区条件不一致是指土壤肥力不一致和外部环境条件不一致。土壤肥力不均是田间试验中最主要的试验误差来源。外部环境条件不一致主要是由试验安排在高大建筑物、树木、交通要道、风口等附近所致。

（2）试验材料不一致

在田间试验中供试材料常是植物或其他生物，其遗传和生长发育往往会存在差异，如试验用的材料基因型不一致，种子生活力的差别，试验用的秧苗素质的差异等。

（3）栽培管理操作技术不一致

供试材料在田间的生长周期较长，在试验过程中的各个管理环节稍有不慎，均会增加试验误差。如各处理或处理组合的播种、田间管理、采样、收获等操作在时间上、质量上或数量上存在差别，也包括施肥、喷洒农药、植物生长调节剂等的不均，还包括观察记载标准、时间的不一致等。

（4）偶然性因素的影响

病虫害侵袭、人畜践踏、风雨等常具有随机性，对各处理的影响也不完全相同。

2.5.3　试验误差的控制

（1）选择同质的试验材料

①试验材料在遗传上必须是纯合或杂合一致。②其次在生长发育上要壮弱大小一致，若有困难，可按生长发育的壮弱大小，分成几个档次，把同一档次规格的安排在同一区组中，通过局部控制减少试验误差。③试验所用的肥料、农药、植物生长调节剂等最好是同一厂家同一生产批次的，确保其有效成分含量和杂质含量相对一致。

（2）改进农事操作管理制度，使之标准化

除操作要一丝不苟、把各种操作尽可能做到完全一样外，一切管理操作、观察测量和数据收集都应以区组为单位进行，减少可能产生的差异。例如，整个试验的某种操作如不能在一天内完成，则至少要完成一个区组内所有小区的工作。这样，各天之间如有差异，就由于区组的划分而得以控制。进行操作的人员不同常常会使相同技术产生差异。如施肥、施用杀虫剂等，如有数人同时进行操作，最好一人完成一个或若干个区组，不宜分配两人到同一区组。

（3）精心选择试验地

各试验小区的土壤肥力和所处的外部条件要均匀一致，如果各试验小区的土壤肥力和外部条件不一致，就很难使试验结果准确可靠。如果使各试验小区的土壤肥力和外部条件一致确有困难，可根据局部控制原理，将它分成若干地段，使地段内土壤肥力尽可能均匀一致，地段间允许存在差异。

（4）采用合理的试验设计

合理的试验设计（包括试验小区的设置与排列）既可减少试验误差，提高试验的精确度和准确度，也可估计试验误差，从而对试验处理的差异进行显著性测验。

2.5.4 试验地选择

正确选择试验地是使土壤差异减少至最小限度的一个重要措施，对提高试验精确度有很大作用。除试验地所在的自然条件和农业条件应该有代表性外，还应从以下几方面考虑。

（1）试验地的土壤肥力要比较均匀一致

这可以通过测定作物生长的均匀整齐度来判断。有些试验处理可能对土壤条件有不同的影响，例如凡是涉及肥料、生长期不同的品种或不同种植密度等的处理，都可能有这样的后效应。因而以前曾做过这类试验的田块，就不宜被选作试验田。如必须用这种田块，应该进行一次或多次匀田种植。

（2）选择的田块要有土地利用的历史记录

因为土地利用上的不同对土壤肥力的分布及均匀性有很大影响，故要选近年来在土地利用上相同或接近相同的田块。如不能选得全部符合要求的土地，只要有历史记录，能掌握田块的轮作及栽培的历史，对过去栽培的不同作物、不同技术措施能分清地段，则可以通过试验小区技术的妥善设置和排列做适当的补救，亦可酌量采用。

（3）试验地的位置要适当

应选择阳光充足、四周有较大空旷地的田块，而不宜过于靠近树林、房屋、道路、水塘等，以免遭受遮阴影响和人、畜、鸟、兽、积水等偶然因素的影响。试验地四周最好种有与试验所用相同的作物，以免试验地孤立而易遭受雀兽为害等。这对控制试验误差有一定作用。

（4）空白试验

对拟选作试验用的田块，特别是在建立固定的试验地时，除掌握整个试验地的土壤一般情况及土地利用历史外，若有可能，最好还要进行空白试验。因为一致的种植不仅有助于降低土壤差异，更重要的是能更深入具体地了解土壤差异程度及其分布情况，为试验时小区和区组的正确定位以及小区面积、形状、重复次数等的决定提供可靠依据，从而做出误差小而切合实际的试验设计。

（5）试验地采用轮换制

经过不同处理的试验后，尤其是在肥料试验后，原试验地的土壤肥力的均匀性会受到影响，而且影响的时间持续较长，并在一定时间内只能用作一般生产地，以待其逐渐恢复均匀性。为此，试验单位至少应有两组以上田块，一组试验地进行试验，另一组试验地则进行匀田种植，以备轮换。

2.5.5 小区技术

（1）试验小区的面积

在一定范围内，小区面积增加，试验误差减少，但减少不是同比例的。小区增大到一定程度后，误差的减少就较不明显，增加重复次数能比增大小区面积更有效地降低试验误差，从而提高精确度。试验小区面积的大小，一般变动范围为6～

$60m^2$，而示范性试验的小区面积通常不小于 $330m^2$。在确定一个具体试验的小区面积时，可以从试验种类、作物的类别、试验地土壤差异的程度与形式、育种工作的不同阶段、试验地面积、试验过程中的取样需要、边际效应和生长竞争等方面考虑确定。

（2）小区的形状

小区的形状是指小区长度与宽度的比例。在通常情况下，长方形尤其是狭长形小区，容易调匀土壤差异，使小区肥力接近试验地的平均肥力水平，亦便于观察记载及农事操作。小区的长宽比可为（3～10）：1，甚至可达 20：1。划分小区时应使小区长的一边与肥力变化最大的方向平行，使区组方向与肥力梯度方向垂直，以提供较高的精确度。

方形小区具有最小的周长，受边际效应影响小。对邻区影响较大的肥料试验、灌溉试验等，为减少边际效应，宜采用正方形或接近正方形的试验小区。另外，当土壤差异表现的形式确实不知时，用方形小区较妥，因为虽不如用狭长小区那样能获得较高的精确度，但亦不会产生最大的误差。

（3）重复次数

试验设置重复次数越多，试验误差越小。多于一定的重复次数，误差的减小很慢，精确度的增进不大。小区面积较小的试验，通常可设 3～6 次重复；小区面积较大的，一般可重复 3～4 次。进行面积大的对比试验时，重复两次即可，最好能由几个地点联合试验，对产量进行综合计算和分析。

（4）对照区的设置

对照应该是当地推广良种或最广泛应用的栽培技术措施。通常在一个试验中只有一个对照，有时为了适应某种要求，可同时将两个各具特点的处理作为对照。如品种比较试验中，可设早、晚熟两个品种作为对照。

（5）保护行的设置

一般至少应种植 4 行以上的保护行。小区与小区之间一般连接种植，不种保护行。保护行种植的品种，可用对照种，最好用比供试品种略为早熟的品种，以便在成熟时提前收割，既可避免与试验小区发生混杂，亦能减少鸟类等对试验小区作物的影响，亦便于试验小区作物的收获。

第3章　田间取样及样品制备方法

3.1　调查取样的方法

任何田间试验的田间调查记载大都采用取样调查法。所谓取样就是在整个试验区内选择一部分植株作为代表，即样本。根据样本的调查数据计算出试验区的结果。在取样之前要划分调查区和设立调查样点。

3.1.1　划分调查区

根据调查目的来划分。如品种比较试验应以不同处理区为调查单位；田间种子纯度调查则以同一品种同一繁殖区为调查单位；产量调查则以同一品种或同一产量水平为一个调查单位等。

3.1.2　设调查样点

在划定的调查单位区内设取样点，样点的数目依调查区的面积而定，一般占调查试验区面积的5％左右。大区设5点以上，小区设2～3点。每点调查样本数目依据调查内容而定，一般每点10～

20 穴，调查行株距离每点要有 31～51 穴。

各点所定样本均要用竹竿等插上标记，便于每次调查记载时查找。要进行室内考种的样本，收获前应连根拔起，去除泥土扎成一捆，挂上牌子写明试验名称、小区号和重复数，晾干考种，其产量加入小区产量内。

3.1.3 取样方法

（1）顺序取样法

也称机械抽样或系统抽样，是指在试验区内按一定间隔设一定数量的植株为样本，如小区总穴数为 200，取 5% （1/20）为样本，就是 10 穴，取样间隔为 20，于是在 1～20 顺序内随机决定开始取样的号码，如把号码定为 5，则按顺序将第 5、25、45、65、85、105、125、145、165、185 穴定为要取的样本，共 10 穴。田间常用的对角线式、棋盘式、分行式、平行线式、"Z" 字形式等抽样方法都属于顺序抽样，顺序抽样在操作上较方便易行。一般较大的试验区定 5 点以上，较小的试验区定 2～3 点，每点的取样数目视调查内容而定，变异大的为 30 穴，变异小的为 2～3 穴。

（2）典型抽样法

也称代表性抽样，按照调查研究目的从总体内有意识地选择一定数量有代表性的抽样单位，至少要求所选取的单位能代表总体的大多数。例如，水稻田间测产的抽样调查，如果全田穴穗数差异较大，可以在目测有代表性的几个地段上调查。样本容量较小时，相对效果常较好，但另一方面则可能因调查人员的主观片面性而有偏差。

（3）随机取样法

先随机定第几行后在该行第几穴取样。每个试验区的所有样本单位都要如此。如试验小区为9行，每行50穴，计划定2个点，每点10穴，共20穴。可假定第3行的第21～30穴和第7行的第31～40穴，共20穴为调查记载的代表样本。所有小区均如此随机取样。

3.2 样品制备方法

3.2.1 植株样品的制备

（1）取样时间

取样时间主要取决于分析研究的内容。例如，在进行抗逆性生理研究时，一般应在发生生理失调的前后取样。例如，在考察水稻植株抗寒性时，要在当地常年冷害出现之前后取样分析，才有助于找出冷害产生的原因，而在进行稻株营养分析时，则要在水稻的不同生长时期取样（苗期、分蘖期、拔节期、孕穗期、抽穗期、成熟期），才能了解水稻不同生长发育阶段氮、磷、钾等营养元素分布情况及正确地进行营养诊断。一天之内的采样时间一般都以 8:00—10:00 为宜，因那时水稻地下部的根系吸收速率和地上部的光合作用强度接近动态平衡，因而采集的样品最能反映植株体内的养分状况。

（2）样品的制备、保存和取舍

样品总是少量的，而分析的目的则是对水稻群体给予客观评价。如何使少量样品有更大的代表性，除了正确地采集样品以尽量减少分析误差外，还应按一定方法合理地制备样品。

样品的制备和保存：将采来的样品洗净外部泥沙，依试验要求，整株或剪成不同长度的小段（苗期不用剪），放于牛皮纸袋中，并在纸袋上标明取样地点、取样日期及处理。然后置于低温鼓风干燥箱内在 60～80℃ 条件下干燥，直至干燥完全，即样本很脆易成粉末状态。如果要测定样本中的糖类，为避免在干燥过程中受某些酶的作用影响，应先在干燥箱中于 105～110℃ 条件下杀青20～30min，以破坏酶的活动能力，然后再在 60～80℃条件下干燥。具体烘制时间视样品含水量而定，苗期一般烘 12～24h 即可；后期植株要烘 48h 以上直至恒重。烘干过程中可翻动几次，并注意不要把烘箱内装得太满，以免样品干燥不均匀。

烘干后的样品，按测定的部位，将其全部粉碎，如果测定整个植株，则应一起粉碎。然后根据分析项目的不同，过不同型号的筛子，如称样大于2g者，可通过圆孔直径为1mm的筛子，称样为1~2g者，则用0.5mm的筛子，称样小于1g者，用40号筛（即0.42mm）。筛子上如有过不下来的纤维状物，应将其完全混合在粉碎的样品中，以得到均匀的样本。保存于磨口瓶中，贴好标签备用。

样品的取舍：水稻生理生化指标测定样品包括茎叶样品、籽粒样品及全株。经田间取样制备好的样品，可按四分法缩分样品至分析所需量。

3.2.2 土样的采集与制备

（1）土样的采集

发育良好的水稻土，其剖面结构明显分为4层，即耕作层、犁底层、心土层和底土层。应根据不同的分析目的，分别采集不同深度，并选用不同的采样方法和处理方法。

①土壤物理性质测定样品的采集

如测定水稻土的容重和孔隙度等物理性质，则需采集原状土样。样品可直接用环刀或土钻在各土层中取样。注意取样过程中需保证样品不受挤压，不变形，尽量保持原来的状态。然后将样品小心地用铝盒盛装，带回室内进行处理。

②土壤养分含量测定样品的采集

为了研究水稻生育期内土壤的养分供应情况，只取耕作层（20cm 左右）土壤即可。这是水稻根系密集的土层，也是代表土壤肥力的最主要层次。采样点的多少要根据试验区面积的大小而定，但一般都要在 5 个点以上，面积大的可采 20 个点以上。采点时可用对角线方法，但要注意避开粪堆底、草灰堆等。用取土铲取样，每个样点取的土壤深浅、宽窄应大体一致。

③研究土壤盐分动态分布的样品采集

可自地表起每隔 10cm 或 20cm 采集一个样品，直至所需深度。

土样采集后放入样品袋中（布袋或塑料袋），内外附上标签，注明采样地点、采样深度，采样日期、采样人等，带回室内处理。

水稻土样的采集在春秋撤水期采样，其原则与旱地采样一样。在水稻生长期间地表淹水情况下，注意采样地面要平，使采样深度保持一致，否则会因土层深浅不同而使表土速效养分含量产生差异。一般可用具有刻度的管形土钻采集土样。将管形土钻钻入一定深度的土层，取出土钻时，上层水即流走，剩下潮湿的土壤，装入袋中带回室内供分析用。

（2）土样的制备

田间采回的样品经登记编号后，都要经过一定的处理（风干、磨细、过筛、混合、保存），制成分析样品。

①风干

除了某些分析项目，例如田间水分、pH、土壤速效养分（氨态氮、硝态氮）、亚铁等需用新鲜土样测定外，一般项目都用风干土样进行分析。潮湿的样品不可长时间存放在容器中，应立即风干。可以把样品铺在瓷盘、木板、塑料布上面，摊成薄层，厚约2cm，间隔地翻样，促使土样均匀地风干。风干的时间大约为3～5d。在半干的时候需将大土块捏碎，以免完全干后结成硬块，难以磨细。风干场所力求干燥和通风，并且要防止酸、碱、蒸气和尘埃等污染。

风干过程中应随时拣去杂物（石头、根、茎、叶、虫体、铁锰结核、石灰结核等），充分混匀后用四分法淘汰到所需的量（通常为0.5～1.0kg）。四分法的操作步骤是将混匀的样品平铺成圆形或正方形，划一个"十"字线，等分为四部分，弃去对角的两部分，剩下的部分如果还多，重新混匀后继续用此法淘汰。

②磨细和过筛

风干的土样用木棍压碎后，用孔径为 1mm 的筛子过筛，未筛过的土壤必须重新压碎过筛，直至全部过筛为止。但岩石和砾石切勿研碎，须筛出并需称其重量，计算占全部风干样品的重量百分率，以便换算机械分析结果时用。上述土样即可用于一般化学分析和某些物理性质的分析。

如果测定有机质、全氮等项目，所用的样品尚需另行磨细。其方法是将通过 1mm 筛的土样铺成薄层，划成许多小方格，用角匙多点取样品 20g，在玛瑙研钵中小心研磨，使之全部通过 0.25mm 筛孔。

土壤分析工作中所用的筛子有两种：一种以孔径大小表示，如孔径为 0.5mm、1mm、2mm 等；另一种以每一英寸长度上的孔数表示。如每英寸长度上有 40 个孔，为 40 号筛子。孔愈多，孔径愈小。筛目与孔径之间的关系可用下式表示：

$$筛孔直径(mm) = \frac{16}{每英寸孔数}$$

③样品保存

生产和科研中，一般土壤样品应保存半年至一年，以备必要的审核之用。将制备好的样品装入瓶中密闭（以石蜡涂封）保存。瓶上要贴好标签，记明土样号码，试验区号、深度，采样日期，采样人和筛号孔径等。

3.2.3 水样的采集与制备

灌溉是水稻生产必不可少的措施。由于水的来源不同，所以水质不同（酸度、碱度、盐分及养分离子等）。因此，要对灌溉水做某些理化性状的分析。

（1）水样的采集

采样时应先用水样洗采集瓶（不同的测定目的要选用不同的采集瓶，比如玻璃瓶和塑料瓶等）2～3次，然后再收集水样，瓶子不要装满，留出5～10mL的空间，以免温度升高时将瓶塞挤出。一般采水量约为1L。采集自来水或具有抽水设备的井水时，应先将水放一下，几分钟后再收集样液。无抽水设备的井水，若水无明显的停滞现象，可直接取水样。取河、湖、水库等表层水样时，应取水面下20～50cm处水样。如水面较大，应在不同的断面，分别取几个水样。

（2）水样的保存

水样的成分常因放置的时间、温度及微生物等而发生变化，所以水样采集后应尽快进行分析检验。不能及时分析的样本，应密封好放在避光的阴凉处。进行一般物理分析的水样可加几滴甲醛作为防腐剂，以防止微生物活动对pH及氮素含量的影响。表 3 - 1 为不同种类水样的适宜存放时间，供参考。

表 3 - 1　不同水样适宜的存放时间

水样种类	水样允许存放的时间
未受污染的水	72h
稍受污染的水	48h
受污染的水	12h
污水	时间愈短愈好，宜在 3～4℃条件下保存

应注意新的塑料瓶要用 5% 的硝酸或盐酸浸泡 2h 以除去痕量金属。

3.2.4　水稻根系的冲洗制备

（1）筛洗法

从田间取回样品后，先将样品浸泡在细孔径的圆形筛上，将筛子放于水中，水要没过样品，1～2d 后，土和根系松离时，用自来水管喷洗根系，洗去泥土，根系便留在筛中。筛孔大小需视取样时间和不同研究目的而定，冲洗应尽量减少根系损失，冲洗过程中应随时拣除杂物。根系冲洗后要立即测定根系参数（鲜重、根表面积、根体积、根长、根粗等），如要测定根干重和养分，还应按植物样品制备方法进行处理。

（2）洗涤台法

这种方法适用于水稻苗期或生育前期。将根系样品放在洗涤台上进行冲洗。洗涤台最好用 2mm 厚的硬铝板制成，台面上每 2cm^2 钻一个孔，孔的大小应视样品大小而定，孔太小影响冲洗效果，孔太大，又容易冲掉根系。台下面装有 5cm 高的腿，冲洗后如需照相，台面要漆成黑色。冲洗可用高压喷枪或喷雾器。为保持根原来的形态，在土样的表面先铺上一层有 5mm 细眼的铁丝网。冲洗过程中要注意拣去杂物。洗好的根即可进行必要的形态测定。

第4章 田间调查及测定方法

4.1 种子发芽率的测定方法

种子发芽率指种子在水分充足、温度为 $25\sim30℃$ 的条件下，10d 内的发芽数占供试种子粒数的百分比。发芽率是确定播种量的重要依据之一，发芽率高可减少用种量，降低成本。做法是：在已检测过种子净度的洁净种子中随机取 400 粒，在 $20℃$ 温水中浸种一昼夜后，分成四组，每组 100 粒，另外将发芽用的培养皿洗净，铺上滤纸，用清水润湿，将各组种子均匀排放在培养皿上并盖好盖以防水分蒸发，置于能保持 $25\sim30℃$ 的恒温箱内发芽。每天检查温湿度是否正常，第 7 天检查总发芽粒数计算发芽势，第 10 天检查总发芽粒数计算发芽率。发芽种标准为芽长等于种子长的一半，根长等于种子长。

$$发芽率（\%）=\frac{10d内发芽种子粒数}{供检测种子粒数}\times100$$

$$发芽势（\%）=\frac{7\text{d}\ 内发芽种子粒数}{供检测种子粒数}\times100$$

4.2　秧苗期调查记载方法

4.2.1　浸种和催芽期

记载实际的开始和结束日期，以"年-月-日"表示。

4.2.2　播种期

记载实际播种日期，以"年-月-日"表示。

4.2.3　播种量

按实际播种面积上干净种子（经盐水选过）的播种量计算，以干种子重量为准，用 g/m^2 或 kg/亩* 表示。催芽的湿种子重量要换算成干种子重量。一般干种子的含水量为 14%，而催芽湿种子的含水量约为 25%～30%，平均为 28%，故催芽湿种子重量减去 14% 的水分重量即干种子重量。

$$播种量（\text{g/m}^2）=\frac{干种子重量（\text{g}）}{实播苗床面积（\text{m}^2）}$$

4.2.4　出苗期

目测以幼芽露青为准。幼芽露青占全区 10% 为出苗始期，占 50% 为出苗期，占 80% 为齐苗期。

---

* 亩为非法定计量单位，15 亩＝1hm^2。

4.2.5　出苗率

播种前在苗床选择 3～5 点，每点用细铁线围成边长 20cm 的方框，播种后记下框内种子数目，并在齐苗期计数出苗数，求平均出苗率。

$$出苗率（\%）=\frac{各点出苗数之和}{各点播种粒数之和\times 种子发芽率}\times 100$$

4.2.6　成苗率

插秧前在测定出苗率的各点调查成苗数（苗高未达到平均苗高的 1/3 为非成苗），计算成苗率。

$$成苗率（\%）=\frac{各点成苗数之和}{各点播种总粒数之和\times 发芽率}\times 100$$

4.2.7　死苗情况

记载死苗程度及原因。死苗比例根据播种密度和成苗数估计，死苗原因根据天气、灌水、施肥等进行说明。

4.2.8　育秧大棚内温度的测定方法

育秧大棚内应摆放两支温度计测量置床和棚内温度，温度计分别摆放在距一侧棚头 20m 和距中间步道 30cm 处，用 8 号铁线做成支架，播种后放于床面上地膜下，秧苗出土后温度计始终放置于秧苗下 1cm 处。秧田温度计必须与标准气象温度计校正后方可使用。

4.3　秧苗素质的测定方法

在插秧前选有代表性的苗床，横床面取样，洗净土壤，保持根系完整，每点随机取 50～100 株，进行考察。

4.3.1　苗高

由苗基部量至最高叶片顶端的高度，以 cm 表示。

4.3.2　叶挺长

由苗基部量至最高叶叶耳处的长度，以 cm 表示。

4.3.3　叶龄

不包括不完全叶，每片完全展开叶记为 1 叶龄，未展开新叶与相邻上一叶相比，新叶长度等于上一叶 1/4 以内，记为 0.1，新叶长度等于上一叶 1/2 以内，记为 0.3，新叶长度等于上一叶 3/4 以内，记为 0.5，新叶长度与上一叶等长以内，记为 0.7，新叶长度大于上一叶等但未展开，记为 0.9。

4.3.4　绿叶数

完全展开的叶片数量，未展开的叶片不计。

4.3.5　最大叶片的长度、宽度

以 cm 表示。

4.3.6　叶耳间距

相邻两片完全展开叶叶耳之间的距离，以 cm

表示。

4.3.7 分蘖数

查出分蘖总数和带分蘖苗数，分别求出单株分蘖数和分蘖苗的百分率。

$$单株分蘖数 = \frac{分蘖总数}{调查总苗数}$$

$$分蘖苗数（\%） = \frac{有分蘖的苗数}{调查总苗数} \times 100$$

4.3.8 苗基部宽

任取 30 根苗，每 10 根平放紧靠在一起，测量苗基部（离根 1cm 处）的宽度，求平均每根苗的宽度，以 cm 表示。

4.3.9 根数

调查总根数和长度在 1.5cm 以内的白根数，分别求出单株平均数。

4.3.10 干物重

将秧苗剪掉颖壳，分为地上部和地下部，105℃杀青 30min，80℃烘至恒重，称重，求单株平均数，以 g 表示。

4.3.11 充实度

单位长度的干物质重量，以 mg/cm 表示。

$$充实度 = \frac{平均单株地上部干物重（mg）}{平均苗高（cm）}$$

4.4 生育时期记载方法

4.4.1 移栽期

实际移栽日期,以"月-日"表示。

4.4.2 返青期

水稻移栽后,晴天中午有 50% 的植株心叶展开,或早晨见 50% 叶尖吐水,或植株发出新根,达到返青的标准。

4.4.3 分蘖期

返青后选地面平整、有代表性地段连续定点 20～30 穴调查。每隔 3d 调查总茎蘖数(包括主茎),当查到 10% 植株出现新分蘖时(以新生分蘖叶尖露出主茎叶鞘外为准)为分蘖始期,以后每隔 5d 调查一次,有 50% 植株出现新分蘖时为分蘖盛期,分蘖出现下降时的前一次调查日期为分蘖高峰期,查到分蘖数量不变化时的日期为有效分蘖终止期。成熟期调查有效穗数(包括主穗,凡未抽穗或抽穗不结实的为无效穗,螟害的白穗和颈瘟病穗均为有效穗)计算最高分蘖率和有效分蘖率。

$$最高分蘖数(个/m^2)=分蘖高峰期单位面积茎蘖数-单位面积主茎数$$

$$有效分蘖率(\%)=\frac{\dfrac{单位面积}{有效穗数}-\dfrac{单位面积}{主茎穗数}}{单位面积最高分蘖数}\times100$$

4.4.4　拔节期

调查分蘖的同时检查植株主茎基部第一节间伸长情况，伸长达 1cm 以上的植株达 50％时为拔节期。

4.4.5　幼穗分化期

根据前述"幼穗分化期"倒数叶龄法判断。

4.4.6　孕穗期

目测有 50％植株的剑叶全部露出叶鞘时为孕穗期。

4.4.7　抽穗期

穗顶露出叶鞘外 3cm 即为抽穗。个别植株穗顶露出叶鞘（杂株不算）时为见穗期，见穗植株达 10％时为始穗期，达 50％时为抽穗期，达 80％时为齐穗期。

4.4.8　成熟期

见 1.3.4 中的（4）结实期。

4.4.9　收获期

实际收割的日期。

4.5　生育动态调查及测定方法

4.5.1　行、穴距离和基本苗数调查

横行为行距，顺行为穴距。于返青后实地测查。大区试验应在距田边 2m 以上的试验田中央选

东、南、西、北、中 5 个有代表性的调查点，每点顺行向各量 30 穴距离（从第 1 穴的中心连续量至第 31 穴的中心），求出平均数，得穴距；每点垂直行向各量 30 行距离（从第 1 行连续量至第 31 行的距离），求出平均数，得行穴距；再在各点随意数 30 穴苗数（分蘖不计），求出每穴苗数，最后计算 5 点平均值，得每穴苗数。

$$行距（cm）＝31 行的距离 ÷ 30$$
$$穴距（cm）＝31 穴的距离 ÷ 30$$
$$每穴苗数＝30 穴总苗数 ÷ 30$$
$$每亩穴数＝666.7 m^2 ÷ [行距（m）× 穴距（m）]$$
$$每亩苗数＝每亩穴数 × 每穴苗数$$

4.5.2　分蘖动态

见 1.3.4 的（2）分蘖期。

4.5.3　株高动态

株高为自土表量至最高叶叶尖，抽穗后量至最高穗穗顶（芒不计入），取其平均值，以 cm 表示。在调查分蘖的同时逐穴测量株高。

4.5.4　叶龄动态

调查分蘖的同时调查叶龄。主茎展开叶片数即当时的叶龄。插秧时记载叶片数，调查主茎每片叶长出的时间（新生叶叶枕露出下一叶叶枕），每出一叶为一龄，如插秧时第 4 叶展开了，其叶龄为 4

龄，而未展开的心叶，则以其抽出长度达到其下一叶叶身全长的大体比例来衡量，以小数点后一位表示。具体方法如下。

首先估算这片叶的长度。以这片叶下一叶的实际长度加 5cm 为这片叶的估算长度，然后测量这片叶抽出的实际长度，再除以估算长度，作为这片叶长度的比例。如计算 5 叶抽出过程的叶龄，首先估算 5 叶的长度。如果 4 叶的定型长度为 11cm，加上 5cm 为 16cm，这就是 5 叶的估算长度。如果 5 叶已经抽出 2cm，2 除以 16，等于 0.12，约等于 0.1，即 5 叶已抽出 0.1 个叶龄。此时调查的叶龄为 4.1 叶龄值，并做好记录。按此法跟踪至倒 3 叶（11 叶品种为 9 叶，12 叶品种为 10 叶）。倒 2 叶和剑叶用前一叶的定长减去 5cm，为估算值，实际伸出长度除以估算值，求出当时的叶龄值。

一直调查到剑叶完全展开。通过叶龄调查也可以知道每生长 1 片叶所需时间。

4.5.5 灌浆动态

在抽穗期挂牌标记生长一致的主穗 300 个左右，在齐穗当天及之后间隔 5d 取样，直至水稻完熟期。取样时间为 9∶00 前后，每次取挂牌单茎 15～20 个。从穗上摘下籽粒，去除枝梗，包装后在 105～110℃ 烘箱中杀青 20～30min，之后在

80℃下烘至恒重，测定粒重，应用 Richards 方程（朱庆森等，1988）对籽粒灌浆过程进行拟合，导出相关参数，分析籽粒灌浆特性。

4.6 株型性状的调查及测定方法

4.6.1 茎蘖集散程度

茎蘖集散程度指主茎与分蘖间角度的大小。在分蘖盛期用大量角器测量主茎与第一分蘖和第二分蘖之间的夹角，取平均值。夹角小于 20°为束集型，夹角在 21°～32°为紧凑型，夹角大于 33°为松散型。

4.6.2 叶片角度

（1）叶基角

叶片基部挺直部分与茎秆所成的角度。

（2）叶开张角

叶枕至叶尖的连线与茎秆所成的角度。

（3）叶披垂角（披垂度）

叶开张角减去叶基角，表示叶片弯曲程度。在叶片挺直的情况下，叶基角与叶开张角相等。

（4）叶披垂度

叶枕至叶尖的距离（连线长度）与叶片长度之比，是另一表示叶片弯曲程度的指标，比值最大为1，在叶片挺直的情况下，叶枕至叶尖的距离与叶片长度相等，其比值为1，比值越小，叶片越弯曲。

（5）测定方法

①制作测定板

取长 70cm、宽 50cm（视叶长短而定）的白纸，用大型量角器画出 0°～90°（纵坐标开始为 0°，顺时针画至水平线为 90°）的刻度，用以测量角度，再用圆规以不同半径画出弧线刻度，用以测量长度。画好后将纸固定在相应大小的薄木板上（直接画在薄木板或薄铝板上更好），为防止污损可再盖上无色的塑料薄膜。

②测定

将欲测的主茎或分蘖从基部剪下，立即放在直立的测定板上，茎秆与零度线重合，叶枕与零点重合，叶片保持自然状态。观察叶片各部分在测定板上的位置，分别记下叶片基部挺直部分与茎秆所成的夹角的度数，此为叶基角；叶枕至叶尖的连线与茎秆所成的夹角为开张角。并记下连线的长度（从弧的刻度读出），然后将叶片拉直记下其长度（从弧的刻度读出），计算连线长度（距离）与叶片长度之比，即叶披垂度。亦可在田间直接测定记载。

4.6.3　叶片卷曲度

一般在分蘖、孕穗和抽穗期测定。用直尺测量叶片卷曲时两边叶缘最宽处的宽度（L_1）和该叶平展时两边叶缘最宽处的宽度（L）。以下式求叶片卷曲度：

$$叶片卷曲度（R）=\frac{叶片平展时宽度（L）-叶片卷曲时叶缘宽度（L_1）}{叶片平展时宽度（L）}$$

4.6.4　穗型的分类方法及标准

穗型指数是指着生二次枝梗粒数最多的一次枝梗所在穗轴节位（简称二众节位）与一次枝梗数之比。每个单生或对生或簇生的一次枝梗着生位置即一个穗轴节位。穗型指数的测定可以与考种同步进行，逐穗计数一次枝梗数和二众节位，计算每一穗的二众节位与一次枝梗数的比值，其平均值即穗型指数。

穗重是指所有有效穗的平均穗重（g）。凡穗粒数在 5 粒以上者均为有效穗。

着粒密度是粒数（包括实粒、瘪粒和空粒）与穗长的比值（粒/cm）。

直立程度是剑叶叶枕至穗尖的连线与茎秆的夹角，用于衡量穗的直立程度。

穗重指数为单穗重量与每穴穗数之比（g/穗）（表 4-1）。

表 4-1　穗型分类标准

直立程度（°）		穗重（g）		着粒密度（粒/cm）	
分类	标准	分类	标准	分类	标准
直立穗型	≤30	重穗型	>2.9	密穗型	>8.5
半直立穗型	30～60	中穗型	2.3～2.9	中穗型	7.0～8.5
弯曲穗型	>60	轻穗型	≤2.3	稀穗型	≤7.0

穗型指数		穗重指数（g/穗）	
分类	标准	分类	标准
上部优势型	>0.55	穗重型	>0.2
中部优势型	0.45～0.55	中间型	0.1～0.2
下部优势型	≤0.45	穗数型	≤0.1

4.7　抗逆性鉴定方法

4.7.1　发芽期耐冷性

鉴定步骤：将种子在 50℃ 恒温箱内高温处理 48h，使其充分干燥和打破休眠。挑选饱满种子 100 粒均匀放置于垫滤纸的培养皿中，设 3 次重复。用消毒液浸种 10min 后，用自来水洗涤 3～4 次。加入少量水浸种 24h 后，再用自来水洗涤 2～3 次，放入 14℃ 低温恒温箱中处理。

观测方法：分别低温处理 7d、14d 后，调查种子发芽率、平均发芽天数、发芽系数。

发芽标准：芽长达到种子长度的一半、根长达到种子长度时记为发芽。

发芽率计算公式：

$$GA(\%) = \frac{N_1}{N_2} \times 100$$

式中：GA——发芽率（%）；

　　　N_1——发芽粒数；

　　　N_2——供试总粒数。

平均发芽天数计算公式：

$$GD = \frac{\sum (D \times N_1)}{N_2}$$

式中：GD——平均发芽天数（d）；

　　　D——发芽天数；

　　　N_1——当日发芽粒数；

　　　N_2——发芽总粒数。

平均发芽系数计算公式：

$$GI = \frac{GA}{GD}$$

式中：GI——发芽系数；

　　　GA——发芽率（%）；

　　　GD——平均发芽天数（d）。

评价方法：主要以发芽率作为发芽期耐冷性的评价指标，分 1～9 级评价，评价标准见表 4-2。耐冷对照品种为丽江新团黑谷、靖粳 7 号。

表 4 - 2　发芽期耐冷性评价标准

级别	发芽率（%）	耐冷性
1	＞80	强
5	60～80	中
9	≤60	弱

4.7.2　芽期耐冷性

鉴定步骤：将种子在 50℃ 恒温箱内高温处理 48h，使其充分干燥和打破休眠。挑选饱满种子 50～100 粒，置于垫滤纸的培养皿中。用消毒液浸种 10min 后，用自来水洗涤 3～4 次。加入少量水，在 25℃ 的温度下浸种 1d。用自来水洗涤种子 3～4 次，倒掉水，盖上皿盖或用软纸覆盖，在 30～32℃ 恒温箱内催芽 2～3d。从恒温箱中取出，用自来水洗涤 1～2 次。从发芽的种子中精心挑选芽长约 5mm 的种子 30～50 粒，并置于垫滤纸的培养皿中。加少量水，放入 5℃ 低温恒温箱进行低温处理。每次鉴定设 3 次重复。

观测方法：从低温恒温箱取出，用自来水洗涤 2～3 次后，将材料放到温度为 20～30℃、有阳光的地方，使其恢复生长，每天换 1 次水。7～10d 后，调查死苗数，并计算死苗率。

死苗率计算公式：

$$DR(\%) = \frac{N_1}{N_2} \times 100$$

式中：DR——死苗率（%）；

　　　　N_1——死苗数；

　　　　N_2——出芽总粒数。

评价方法：以死苗率作为芽期耐冷性的评价指标，分 1～9 级评价，评价标准见表 4-3。耐冷对照品种为靖粳 7 号、合系 15。

表 4-3　芽期耐冷性评价标准

级别	表型症状	耐冷性
1	所有的苗成活，叶色青绿	极强
3	死苗率≤30%	强
5	30%<死苗率≤50%	中
7	死苗率>50%	弱
9	苗全部死亡	极弱

4.7.3　苗期耐冷性

鉴定步骤：种子按常规方法消毒、浸种和催芽，将催芽的种子播种于装有床土的育苗盘中。每个材料播 15～20 粒，以 2cm 的距离点播，行距为 5cm，设 3 次重复。在 20～30℃ 的温室或室外育苗。在 3～4 叶龄期，把材料放入 5℃ 人工气候箱中处理 7d，或在 12℃ 冷水池中处理 10d，使冷水水面至幼苗的 1/2 处。

观测方法：低温处理后，将材料移至温度为 20～30℃、有阳光的温室或室外进行恢复性生长。7d 后，调查幼苗的叶赤枯度。

评价方法：以叶赤枯度作为幼苗期耐冷性的评价指标，评价标准见表 4-4。耐冷对照品种为雪岳稻、丽江新团黑谷。

表 4-4　苗期耐冷性评价标准

级别	幼苗表型症状（叶赤枯度）	耐冷性
1	所有叶青绿或接近青绿	极强
3	叶子有一点脱色或黄色	强
5	叶子大部分黄化	中
7	叶子干枯，有的苗死亡	弱
9	大部分或全部苗死亡	极弱

4.7.4　孕穗期耐冷性

（1）短期低温处理

鉴定步骤：经种子消毒和浸种，将催芽的种子播在装有床土的育苗盘内育苗。在 3～4 叶龄期，移栽到塑料桶，3～4 穴/桶。施用氮、磷、钾 120kg/hm²、80kg/hm²、80kg/hm²。按剑叶叶枕

距来判断减数分裂期取样时间。剑叶叶枕距为
—4～2cm 时，挂牌注明品种名称和日期。8:00 将
适期待测材料置于 16℃、30cm 深的冷水池或光照
3 000lx、16℃的人工气候箱中进行低温处理。

　　观测方法：记载每个稻穗的抽穗期。从减数分
裂期到抽穗期一般需要 10～12d，若太长或太短，
则应查明试验过程是否有误。评价孕穗期耐冷性的
空壳率为 5d 内抽出穗的空壳率的平均值。以抽穗
前第 11 天的稻穗空壳率的为基准，将抽穗前第 12
天、第 13 天、第 9 天、第 10 天的稻穗空壳率作为
有效数据均可采用，但超过或不足者均不宜采用。

　　低温处理后，将供试材料挪到 30℃ 以下的温
室中，待成熟后，调查空壳率。

　　评价方法：以空壳率作为孕穗期耐冷性的评价
指标，分 1～9 级评价，评价标准见表 4 - 5。

表 4 - 5　孕穗期耐冷性评价标准

级别	空壳率（%）	耐冷性
1	≤20.0	极强
3	20.0～40.0	强
5	40.0～60.0	中
7	60.0～90.0	弱
9	90.0～100.0	极弱

空壳率计算公式：

$$ER(\%) = \frac{S_1}{S_2} \times 100$$

式中：ER——空壳率（%）；

S_1——不实的颖花；

S_2——总颖花数。

耐冷对照品种：丽江新团黑谷、昆明小白谷、云粳20、中母42、五台稻。

（2）恒温深冷水处理

鉴定步骤：经种子消毒和浸种，将催芽的种子播在装有床土的育苗盘内育苗。在3～4叶龄期，将供试材料移栽到冷水鉴定圃。按 26.4cm × 13.2cm 的规格单本移栽，每个材料栽5～10穴，设3次重复，施用氮、磷、钾120kg/hm²、80kg/hm²、80kg/hm²。从幼穗分化期开始，用19℃冷水处理至全部出穗为止，约处理40d，水深保持20cm。在幼穗长度为1.5cm时，判断为幼穗分化期。鉴定材料较多时，应把材料按熟期分类，并在不同地块分别进行冷水处理，每10～20个材料设1个对照品种。

观测方法：经低温处理后，把植株体移入温度为20～30℃的温室或田间进行正常管理，待成熟后，考种并计算空壳率。

评价方法：同短期低温处理。

评价标准：同短期低温处理。

耐冷对照品种：同短期低温处理。

4.7.5 苗期抗旱性

构建干旱池：构建有挡雨设施的干旱鉴定池。池内土层高度在 1m 以上，池底设 20cm 滤层，并有排水孔，四壁防渗，池上方有移动式挡雨棚。

种植方法：在当地适宜时期播种。挑选较饱满的水稻种子，不浸种，直接播种于池内。点播，播种规格为 20cm×1.5cm，播种深度为 2～3cm。每份材料 4 行区，行长为 2m，设 3 次重复，随机排列，鉴定池两侧设保护行。播前轻压实播种沟底，播后浇好蒙头水以保持土表微潮，确保全苗、齐苗。3 叶期间苗，每行定苗 60 株。

第 1 次干旱胁迫：约 50％材料达到 4 叶 1 心时停止供水。当所有品种叶片卷成针状，上午仍处于萎蔫状态，大部分供试品种的叶片出现不同程度坏死，少数品种出现整株"枯死"时复水 50mm，复水后 120h，调查各品种中间 2 行的存活苗数（两端 5 株不计），以幼苗心叶或分蘖叶片转为鲜绿色为存活标准。

第 2 次干旱胁迫：第 1 次复水后即停止供水。当所有品种再度萎蔫，上午叶片卷成针状，多数品种不同程度出现整株"枯死"时，第 2 次复水 50mm，复水后 120h，调查存活苗数。以 3 次重复的平均值计算幼苗存活率。

同时，在第一次干旱胁迫复水后 120h，对各品种的活体测量（不拔伤苗）中间 2 行中部 10 株的上部 3 片展开叶片的全长（叶枕至叶尖）和绿叶段长（叶枕至叶片的绿色与枯黄交界处），以 3 片叶值的累加值为该株值，求 10 株平均值，以 cm 表示。以 3 次重复的平均值计算叶片抗衰度。

整个试验期间遇雨即移动干旱棚遮挡，并及时人工除草和防治病虫害，禁用化学除草剂。

幼苗存活率计算公式：

$$LA(\%) = (\frac{N_2}{N_1} + \frac{N_3}{N_2})/2 \times 100$$

式中：LA——幼苗存活率（%）；

N_1——第 1 次干旱胁迫前单株数；

N_2——第 1 次干旱胁迫后存活单株数；

N_3——第 2 次干旱胁迫后存活单株数。

叶片抗衰度计算公式：

$$RC(\%) = \frac{G}{T} \times 100$$

式中：RC——叶片抗衰度（%）；

G——叶片绿色段长；

T——叶片全长。

评价方法：以苗期抗旱性综合系数为评价指标，分 1～9 级评价。

苗期抗旱性综合系数计算公式：

$$DI = \frac{LA + RC}{2}$$

式中：DI——苗期抗旱性综合系数；

　　　LA——幼苗存活率；

　　　RC——叶片抗衰度。

抗旱对照品种：旱稻 297、IAPAR-9。苗期抗旱性评价标准见表 4-6。

表 4-6　苗期抗旱性评价标准

级别	抗旱性综合系数	抗旱性
1	＞80.0	极强
3	65.0～80.0	强
5	45.0～65.0	中
7	30.0～45.0	弱
9	≤30.0	极弱

4.7.6　全生育期抗旱性

旱棚法：设干旱胁迫和自然对照两组。每组均设 3 次重复，随机排列，小区面积为 2～5m²，在每组水稻种质加入抗旱性较好的矫正品种（用以矫正非同批品种鉴定结果的标准品种）和对干旱胁迫敏感的标识品种（用于标识胁迫程度）。矫正品种和标识品种一经选定，长期使用。

干旱胁迫：试验在旱棚内的无底型水泥池中进行。水泥池四周进行防侧渗处理，播种期根据当地适宜播期确定，播种时要足墒下种，播后要浇好蒙头水，以保全苗。苗期至孕穗期实施中度干旱胁迫，即当50%的品种上部叶片卷成针状时进行灌溉；孕穗期至抽穗期实施轻度干旱胁迫，即当50%的品种剑叶内卷时进行灌溉；抽穗期至成熟期实施中度干旱胁迫，即当50%的品种剑叶卷成针状时进行灌溉。每次水量为50mm，生育期间遇雨及时移动旱棚进行遮挡。及时人工除草和防治病虫害，禁用化学除草剂。

自然对照：在旱棚外邻近的试验田自然降水条件下进行。生育期间以不受旱为准。除自然降水外，当标识品种出现卷叶时进行灌溉，每次水量为50mm，及时人工除草和防治病虫害，禁用化学除草剂。

干旱胁迫和自然对照试验材料全部成熟时，去除边际后，每份材料相同面积单收单晒，测定稻谷产量，并折算相同含水量稻谷的产量。求3次重复的平均值，计算抗旱指数。

抗旱指数计算公式：

$$DI = \frac{Y_1^2}{Y_2} \times \frac{Y_3}{Y_4^2}$$

式中：DI——抗旱指数；

　　　Y_1——待测水稻种质干旱胁迫下产量；

　　　Y_2——待测水稻种质自然条件下产量；

　　　Y_3——对照品种干旱胁迫下产量；

　　　Y_4——对照品种自然条件下产量。

表 4 - 7 为全生育期抗旱性评价标准。

表 4 - 7　全生育期抗旱性评价标准

级别	抗旱指数	抗旱性
1	>1.30	极强
3	1.00～1.30	强
5	0.90～1.00	中
7	0.70～0.90	弱
9	≤0.70	极弱

4.7.7　发芽期耐盐性

鉴定步骤：将种子置于 50℃ 恒温箱中高温处理 48h，打破休眠。随机挑选饱满种子 50～100 粒，均匀置于垫滤纸的培养皿中。加入浓度为 1.50% 的盐水浸泡，盖好皿盖，放入 30℃ 恒温箱里催芽，每天用盐水原液洗涤 1 次，设 3 次重复，以淡水作为对照。

观测方法：处理后第 4 天和第 10 天，分别观察记载种子萌发数，并计算相对盐害率。

发芽标准：芽长达种子长度的一半，根长达种子长度。

相对盐害率计算公式：

$$SI(\%) = \frac{G_1 - G_2}{G_2} \times 100$$

式中：SI——相对盐害率（%）；

$\quad\quad G_1$——对照发芽率（%）；

$\quad\quad G_2$——处理发芽率（%）。

评价方法：以相对盐害率作为发芽期耐盐性的评价指标，分 1～9 级评价（表 4-8）。

表 4-8　发芽期耐盐性评价标准

级别	相对盐害率（%）	耐盐性
1	0.0～20.0	极强
3	20.0～40.0	强
5	40.0～60.0	中
7	60.0～80.0	弱
9	80.0～100.0	极弱

耐盐对照品种：Pokkali、宜矮 1 号、珍竹 42。

敏盐对照品种：南粳 34、浙辐 802、温矮早。

4.7.8　苗期耐盐性

构建盐水池：用砖和水泥构建 2 个或数个地下盐池（5m×2m×1m），分别设为胁迫处理和对照。池底设 20cm 滤层，并有排水孔，四壁防渗，池顶部有移动式透明防雨设施，顶距地面高度为 2m。池内填加混匀的壤质土。

盐池的盐分调控：根据试验所需的水量，修建一定容积的兑水池，以淡水盐水混合调配至电导度为 8～10mΩ/cm（25℃），使其浓度相当于 0.50% 的含盐量。用此水灌溉，2～3d 更换 1 次，以防止蒸发或降水而引起水层盐分浓度的变化。若水层盐浓度无大变化，换水时间可延长。盐水深度保持在 3～5cm。

移栽和管理：经种子消毒和浸种，将催芽的种子播于育苗盘中进行育苗。插秧前施足基肥，用混合好的盐水泡田。在 3～4 叶龄期，将秧苗单本移栽于水池中。行株距为 20cm×10cm，每个品种 1 行区，每行栽 15 株，顺序排列，设 3 次重复。每 15～20 个品种安排一个对照品种。对照池中的插秧规格与胁迫池中相同，管理与大田正常管理相同。

观测方法 1：

盐胁迫 4 周、8 周后，用目视法观察记载10 个单株的叶片和分蘖的盐害症状，并测定平均死叶率。

平均死叶率的计算公式：

$$DR(\%) = \frac{N_1}{N_2} \times 100$$

式中：DR——平均死叶率（%）；

N_1——供试植株总死叶数；

N_2——供试植株叶片总数。

观测方法 2：

以单茎（株）为单位，用目测法观察记载盐害症状，并计算盐害指数。

盐害指数的计算公式为：

$$SI(\%) = \frac{\sum(N_1 \times G)}{N_2 \times M} \times 100$$

式中：SI——盐害指数（%）；

N_1——各级记载的受害植株数；

G——相应的级数值；

N_2——调查总株数；

M——最高盐害级数值。

评价方法：

评价方法 1：

以叶片和分蘖盐害症状和平均死叶率作为耐盐性指标，分 1～9 级评价。

评价标准：

以目视法为依据的耐盐性评价标准（表 4-9）。

表 4-9　盐害症状目测法分级标准与平均死叶百分比分级标准 1

等级	盐害症状	平均死叶率（%）	耐盐等级
1	生长分蘖近正常，无叶片症状或叶尖脱色、发白、卷曲	≤20	极强
3	生长分蘖受抑制，并有一些叶片卷曲	20～40	强
5	生长分蘖严重受抑制，多数叶片卷曲，仅少数叶片伸长	40～60	中
7	生长分蘖停止，多数叶片干枯，部分植株死亡	60～80	弱
9	几乎所有植株都死亡或接近死亡	80～100	极弱

评价方法 2：

以单茎（株）为单位调查的盐害症状和盐害指数作为耐盐性指标，分 1～9 级评价。

以目视法为依据的耐盐性评价标准（表4-10）。

表4-10　盐害症状目测法分级标准与平均死叶
百分比分级标准2

等级	盐害症状	平均死叶率（%）	耐盐等级
1	生长发育正常，不表现任何盐害症状	≤15	极强
3	生长发育基本正常，有4片以上绿叶	15～30	强
5	生长发育接近正常或受阻，有2～3片以上绿叶	30～60	中
7	生长发育严重受阻，仅1片绿叶	60～85	弱
9	植株死亡或接近死亡	85～100	极弱

耐盐对照品种：Pokkali、宜矮1号、珍竹42。

敏盐对照品种：南粳34、浙辐802、温矮早。

4.7.9　发芽期耐碱性

鉴定步骤：将种子置于50℃恒温箱中高温处理48h，打破休眠。随机挑选饱满种子50～100粒，均匀置于垫滤纸的培养皿中。加入0.20% Na_2CO_3溶液浸泡，盖好培养皿，放入30℃恒温箱里催芽，每天用 0.20％Na_2CO_3 溶液洗涤 1 次。设 3 次重复，以淡水作为对照。

观测方法：第 4 天和第 10 天，观察记载种子萌发数，并计算相对碱害率。

发芽标准：芽长达种子长度的一半，根长达种子长度。

相对碱害率计算公式：

$$AI（\%）= \frac{G_1 - G_2}{G_1} \times 100$$

式中：AI——相对碱害率（％）；

G_1——对照发芽率（％）；

G_2——处理发芽率（％）。

评价方法：以相对碱害率作为发芽期耐碱性的评价指标，分 1～9 级评价。

评价标准见表 4-11。

表 4-11 发芽期耐碱性评价标准

级别	相对碱害率	耐碱性
1	≤20.0	极强
3	20.0～40.0	强
5	40.0～60.0	中
7	60.0～80.0	弱
9	80.0～100.0	极弱

4.8 倒伏性调查及测定方法

4.8.1 调查记载方法

成熟后，目测记载倒伏时间、倒伏面积（占试验区面积的百分数）和倒伏程度。

评价标准见表 4－12。

表 4－12 倒伏程度评价标准

级别	类别	倾斜角度（°）
1	直	≤30
3	中间型	30～45
5	斜	45～60
7	倒	＞60
9	伏	穗部触地全株和稻穗平伏地面

4.8.2 茎秆抗折力及抗倒伏指数

齐穗后 20d，每处理取 10 个主茎，测定茎秆重心高度、地上部单茎鲜质量和抗折力。

重心高度测定：将植株水平放置于刀口上，重心高度为该植株保持平衡时与刀口接触点到茎秆基部的距离（cm）。

地上部单茎鲜质量包括穗、叶和鞘（g）。

茎秆抗折力：取第 2 节间、第 3 节间和第 4 节间，剥除叶鞘，两端置于高 50cm、间隔 5cm 的支撑木架凹槽内，在其中部挂一容器，向容器内匀速加细沙，使茎秆折断所用的细沙加上容器自身的质量即茎秆抗折力。

$$抗倒伏指数 = \frac{抗折力}{重心高度 \times 地上鲜质量}$$

4.9 抗病性调查记载分级标准

4.9.1 稻瘟病抗性调查记载分级标准

（1）叶瘟

调查方法：齐穗期每小区对角线五点取样、每点 50 株、每株调查剑叶及剑叶以下两片叶。

分级标准：

0 级：无病。

1 级：叶片病斑少于 5 个，长度或小于 1cm。

3 级：叶片病斑 6～10 个，部分病斑长度大于 1cm。

5 级：叶片病斑 11～25 个，部分病斑连成片，占叶面积的 10%～25%。

7 级：叶片病斑 26 个以上，病斑连成片，占叶面积的 26%～50%。

9 级：病斑连成片，占叶面积的 50%以上或植株全叶枯死。

（2）穗瘟和节瘟

调查方法：黄熟初期每小区对角线五点取样，每点调查 50 穗。

分级标准：

0 级：无病。

1 级：发病率≤1%。

3 级：发病率为 1%～5%。

5 级：发病率为 6%～25%。

7 级：发病率为 25%～50%。

9 级：发病率为 50%～100%。

（3）计算发病率和发病指数

$$发病率(\%) = \frac{病株（叶、穗）数}{调查总株（叶、穗）数} \times 100$$

$$病情指数(\%) = \frac{\sum[各级病株（叶、穗）数] \times 各相应级数}{调查总株（叶、穗）数 \times 最高级代表值} \times 100$$

4.9.2 纹枯病抗性调查记载分级标准

（1）调查方法

该病害在田间发病分布不均，调查时采取直线平行取样法，每块田固定两条平行线，两条平行线之间的距离为田宽的 1/3，调查时，在稻田的一端下田，沿着行间前进，每隔一定距离（距离视田块大小而定）检查一排内 6 穴水稻中的有病穴数，连续调查 20 排，直到田的另一端；再从另一条线返回，按同样方法调查 20 排，共调查 40 排，共 240 穴，计算病穴率。同时选病穴 20 穴，调查株发病率，进行分级记载，计算严重度。

（2）分级标准

0 级：全株无病。

1 级：稻株基部叶鞘或叶片发病。

2 级：稻株顶叶或剑叶以下第 3 叶鞘、叶片发病。

3 级：稻株顶叶或剑叶以下第 2 叶鞘、叶片发病。

4 级：稻株顶叶或剑叶以下第 1 叶鞘、叶片发病。

5 级：稻株顶叶或剑叶发病。

4.9.3　胡麻斑病调查记载分级标准

（1）调查方法

每小区对角线五点取样、每点 50 株、每株调查剑叶及剑叶以下两片叶。

（2）分级标准

0 级：无病。

1 级：病斑面积占整片叶面积的 1% 及以下。

3 级：病斑面积占整片叶面积的 1%～5%。

5 级：病斑面积占整片叶面积的 5％～15％。

7 级：病斑面积占整片叶面积的 15％～25％。

9 级：病斑面积占整片叶面积的 25％以上，叶鞘一般枯死。

4.9.4 螟害枯心苗、白穗率调查记载分级标准

（1）调查方法

每小区对角线五点取样、每点 50 株，调查枯心率或白穗率。

（2）分级标准

0 级：枯心率或白穗率为 0。

1 级：枯心率或白穗率≤20.0。

3 级：枯心率或白穗率为 20.0～40.0。

5 级：枯心率或白穗率为 40.0～60.0。

7 级：枯心率或白穗率为 60.0～80.0。

9 级：枯心率或白穗率为 80.0～100。

（3）计算枯心率和白穗率

$$\text{枯心苗率（％）} = \frac{\text{枯心苗总数}}{\text{调查总穴数×每穴平均苗数}} \times 100$$

$$\text{白穗率（％）} = \frac{\text{白穗总数}}{\text{调查总穴数×每穴平均穗数}} \times 100$$

第 5 章　常用项目的测定

5.1　叶面积的测定

水稻的叶片是进行光合作用最重要的器官，是制造有机物的重要基地，水稻单株叶片的受光态势和群体叶面积的大小与产量密切相关。因此了解叶面积的变化，并在生产上采取一定措施，使其保持较多的功能叶和适当大的叶面积十分重要。

测定叶面积的方法有很多，如方格纸法、纸重法、干重法、长宽系数法、叶面仪法等。测定水稻叶面积较为合适的方法有以下 3 种。

（1）用叶面积仪测定叶面积，具体操作见有关仪器说明书。

（2）长宽系数法：用尺量出叶片的长宽后，算出长宽比，然后根据长宽比的范围，选取一个合适的折算系数（K），再用长×宽×K 即得叶面积（表 5 - 1）。

表 5 - 1　不同长宽比叶片的折算系数

叶片长宽比	折算系数（K）
≤22.5	0.70
22.5～27.5	0.74
>27.5	0.78

K 常因品种、叶位、生育期和栽培条件的不同而不同，所以要想用这种方法获得可靠的结果，一般在每次测定前用其他方法（如叶面积仪法）求得每一样品的折算系数，再以此 K 为依据计算不同处理的叶面积。

（3）干重法：先测定一部分已知面积的叶片的烘干重，然后测欲测叶面积叶片的烘干重，用已知面积的叶片干重去除未知叶片面积的干重，即可求出欲测叶片的叶面积。

具体做法是用已知半径 r 的打孔器在每片叶片的上、中、下部顺叶脉的一侧各打取一圆片，选 10～20 片有代表性的叶片，打出 30～60 片圆片，放入小铝盒中于 60～80℃ 条件下烘至恒重求出单片叶重（g_1），然后再将欲测叶面积的叶片放在同样的温度下烘至恒重（g_2），即可换算出叶面积。

$$叶面积 = \frac{g_2}{g_1} \times \pi r^2$$

5.2　叶绿素含量的测定

5.2.1　丙酮乙醇水混合液法

仪器：分光光度计，打孔器，剪刀，10mL 刻度试管，10mL 移液管。

试剂：丙酮：乙醇：蒸馏水＝4.5：4.5：1 混合液。

测定方法：称取新鲜叶片 0.1g 或用打孔器打取总面积为 0.1dm² 的叶圆片，剪成细条放入盛有 10mL 混合液的试管中，盖上塞子，于 45℃条件下浸提。每隔一定时间观察浸提情况，以材料完全变白为准。一般需要 1～10h。

将上清液倒入比色杯中，用混合浸提液作空白调零，测定 663nm 和 645nm 处的光密度值。

结果计算：

叶绿素 a 浓度（mg/L）：$C_a = 12.7 D_{663} - 2.59 D_{645}$

叶绿素 b 浓度（mg/L）：$C_b = 22.9 D_{645} - 4.67 D_{663}$

叶绿素总浓度（mg/L）：$C_{a+b} = 20.3 D_a + 8.04 D_b$

所测材料单位重量或单位面积的叶绿素含量可按下式进一步计算：

$$叶绿素含量(mg/g 或 mg/dm^2) = \frac{C \times V}{A \times 100}$$

式中：C——叶绿素浓度（mg/L）；

V——提取液总体积（mL）；

A——叶片鲜重（g）或叶面积（dm^2）。

5.2.2　SPAD 法

叶绿素在蓝色区域（400～500nm）和红色区域（600～700nm）范围内具有峰值，但在近红外区域没有吸收峰。利用叶绿素的这种吸收特性，用 SPAD 叶绿素仪测量叶片在红色区域和近红外区域的吸收率。通过两部分区域的吸收率，计算 SPAD 值，SPAD 值与叶片中的氮含量成比例增长，可将其作为叶片中叶绿素含量的相对参数。

5.3　干物重的测定

通过干物重的测定能够了解不同生育时期稻株干物质的生产、累积及同化产物的转运情况。

干物质的测定可以在不同的生育时期进行。按取样原理在田间取一定数量的稻株，洗去根部泥土，吸干水分，称鲜重。然后根据不同的研究目的，整株或分成不同部分置于烘箱中，先在 105～110℃条件下杀青 20～30min，然后根据样品的大小及含水量的多少，于 60～80℃条件下继续烘24～48h，直到恒重为止。在烘箱断电后，自然冷却到室温取出称重，即干物重。

5.4　生长分析法

水稻生长分析法是分期测定稻株叶面积的大小和干物质重量，用以分析稻株生长和产量形成的多种生长函数指标的方法。我们在研究水稻生长发育与产量形成过程时，仅有直观的描述是不够的，只有在进行稻株形态演变描述的同时进行精确的数量分析，才能深刻地了解它的生长规律及其与外界环境的关系，这种方法更接近客观实际。

5.4.1　叶面积指数

叶面积指数（LAI）是指水稻群体的总绿色叶面积与该群体所占土地面积的比值。

$$叶面积指数 = \frac{测定株数 \times 平均单株绿叶面积}{取样的土地面积}$$

叶面积指数在田间的直接测定较为困难，通常采用取样的方法间接测定，即取有代表性的一定土地面积（$2 \sim 5m^2$ 或顺垄取段）为样方，首先计算样方内所有植株的总叶重 W，然后乘以比叶面积（即叶的单位面积与其干重之比，即 L/W，叫比叶面积），求出总叶面积，再用总叶面积除以样方面积即得 LAI。

叶面积指数反映叶面积的大小和空间光的利用情况，与养分利用及产量形成关系密切，随着稻株的生长发育，LAI 逐渐加大，在群体最繁茂的时候，LAI 达最大值，而后随着叶片衰老变黄或脱落，LAI 减小。群体物质生产达最大值时的叶面积指数称为最适叶面积指数。最适叶面积指数持续的时间越长越好。

5.4.2　群体生长率

群体生长率（CGR）指在一定时间内单位土地面积上水稻群体总干重的增长率。

$$CGR[g/(d \cdot m^2)] = \frac{W_2 - W_1}{S(t_2 - t_1)} LAI \times NAR$$

式中：W_1——在 t_1 时取样面积上的总干重（g）；

　　　　W_2——在 t_2 时取样面积上的总干重（g）；

　　　　S——取样面积（m^2）；

　　　　LAI——叶面积指数；

　　　　NAR——净同化率。

5.4.3　相对生长率

相对生长率（RGR）指单位时间内，单位干物质增长的速率，表示干物质的生产能力。

$$RGR[g/(g \cdot d)] = \frac{2.3 \times (\log W_2 - \log W_1)}{t_2 - t_1}$$

式中：W_1——在 t_1 时的干物重（g）；

　　　　W_2——在 t_2 时的干物重（g）。

5.4.4　净同化率

净同化率（NAR）指单位时间内单位叶面积上干物质增长的速率。也就是每平方米叶面积每天能生产多少干物质。水稻在进行光合作用的同时，也进行着消耗物质的呼吸作用，在测定光合强度时，直接得到的结果是光合与呼吸的差，所以叫净光合。

$$\frac{NAR}{[\text{g}/(\text{m}^2 \cdot \text{d})]} = \frac{2.3(W_2 - W_1)(\log L_2 - \log L_1)}{(L_2 - L_1)(t_2 - t_1)}$$

式中：W_1、W_2——t_1 和 t_2 时的干物重（g）；

$\qquad L_1$、L_2——t_1 和 t_2 时的单位土地面积内的叶面积（m^2）。

5.4.5　比叶面积和比叶重

许多研究表明，叶厚与单位叶面积的叶绿素含量和单位叶面积的含氮量呈极显著的正相关关系。一定厚度的叶片对提高单位叶面积光合效率有利，而比叶重又是叶厚的一个良好指标，这是一个比较稳定的品种特性，所以比叶重可作为选择标准应用于育种实践。

比叶面积（SLA）指单位叶干重的叶面积。

$$SLA(\text{cm}^2/\text{g}) = \frac{L}{L_\text{w}}$$

比叶重（SLW）指单位叶面积的叶干重，它可以表示叶的厚度。

$$SLW(\mathrm{mg/cm^2}) = \frac{L_\mathrm{w}}{L}$$

用上述测定干物重、叶面积的方法，测定前后两次的干物重和叶面积指数，随即就可以算出群体生长率、相对生长率、净同化率、比叶面积和比叶重。

5.4.6 光合势

光合势是单位土地面积的绿叶面积与光合时间的乘积，由叶面积指数及其持续时间的长短共同决定。

光合势$[(\mathrm{m^2 \cdot d)/hm^2}] = (L_1 + L_2) \times (t_2 - t_1)/2$

式中：L_1、L_2——前后 2 次测定的叶面积指数；

t_1、t_2——前后 2 次测定的时间（d）。

5.4.7 叶面积衰减率

叶面积衰减率$(LAI/d) = (LAI_2 - LAI_1)/(t_2 - t_1)$

式中：LAI_1、LAI_2——前后 2 次测定的叶面积指数；

t_1、t_2——前后 2 次测定的时间（d）。

5.4.8 表观输出量、表观输出率和表观转化率

表观输出量$(\mathrm{t/hm^2})$ = 齐穗期叶（茎、鞘）干重 —

成熟期叶（茎、鞘）干重

$$表观输出率(\%) = \frac{表观输出量}{齐穗期叶(茎、鞘)干重} \times 100$$

$$表观转化率(\%) = \frac{表观输出量}{成熟期籽粒干重} \times 100$$

5.5　根系测定

5.5.1　水稻发根力的测定

　　水稻发根力就是水稻发生新根的能力，取决于秧苗茎节上根原基的数目和植株的营养状况。发根力的大小是决定秧苗能否迅速返青和分蘖的关键，亦是衡量秧苗壮弱的一项重要指标。水稻发根力包括发根速度和发根量两个方面。发根速度是指在规定时间内（一般 5～10d）发出的新根数，发根量是指所发新根的长度或重量。水稻发根力的测定方法有直接测定和间接测定两种：直接测定就是将经过预处理的秧苗（处理方法后述）插入本田，定期测定发根力。直接测定法的优点就是秧苗的发根条件与生产实际一致，可同栽培措施结合，最终还可看出产量与发根力的关系。但直接测定在有大量样本时准确性与代表性才能提高。间接测定就是将预处理的秧苗放置于清水或培养液中让其发根，然后定期测定新根的长度或重量。其优点是发根条件一致，便于比较。品种、组合间发根力差异的比较常采用此法。

仪器设备：直尺、剪刀、烧杯、烘箱、冰箱、千分之一天平等。

测定方法：

直接测定法：在插秧前（或根据需要选择适当秧龄）选有代表性的秧苗 5～10 株，洗净泥土后，在秧苗的基部剪去全部根系，或保留原有的根系但对样本进行编号并数记根数和测量根长。将处理的秧苗插入本田，共测定两次，即在插后每隔 5d 测定一次，测定项目为根数和根长。最后根据插秧前后根系的变化来比较发根力的大小。

间接测定法：将经过上述处理的秧苗放入盛有清水或培养液（表 5－2）的烧杯中，每隔 5～7d 测定一次，共测两次，或根据试验需要确定测定次数。测定项目同直接测定法。

表 5－2　培养液配方

母液	完全培养液（mL）	缺氮培养液（mL）	缺磷培养液（mL）	缺钾培养液（mL）
硝酸钠（10%）	10		10	10
磷酸二氢钾（2.5%）	10	10		
硫酸镁（2.5%）	10	10	10	10

（续）

母液	完全培养液（mL）	缺氮培养液（mL）	缺磷培养液（mL）	缺钾培养液（mL）
氯化钾（1.0%）	10	10	20	
氯化钙（5.0%）	10	10	10	10
磷酸二氢钠（2.5%）				10
柠檬酸铁（1.0%）	1	1	1	1
氯化钠（1.0%）		10		10
微量元素溶液*	1	1	1	1
自来水	1 000	1 000	1 000	1 000

* 称取 H_3BO_3、$ZnSO_4$、$MnSO_4$ 各 0.25g，$CuSO_4$ 0.02g，Na_2MoO_4 0.01g 溶于 1 000mL 蒸馏水。

5.5.2 水稻根系体积的测定

根据物体体积的大小等于该物体排出水的体积的原理进行测定。将根系置于大量桶或体积计中，读出排水量，即得根系体积。

5.5.3 水稻根活力的测定

水稻的根系不仅是吸收水分和矿质元素的器官，也是合成氨基酸、植物激素等物质的器官。根系的生长情况对水稻的营养极为重要。在研究水稻生理时常在不同时期测定根的活力，了解根的生育情况。

（1）感官鉴定

水稻根的颜色能直接反映根的活力，根的颜色往往与根的泌氧能力有关。水稻的新根，由于泌氧能力强，根的周围有一氧化圈，能抑制还原物质对根的毒害，因而能保持原来的色泽而呈白根。

随着水稻根的衰老，泌氧能力减弱或土壤还原物质增加，使根氧化圈局限在根的表面，因而使由氧化亚铁氧化成的水合氧化铁化合物沉积在根的表面，使根带有赤褐色的铁皮膜，俗称黄根。如根的泌氧能力进一步减弱或土壤还原状态进一步发展，并产生硫化氢等还原性物质，这时土壤中的氧化亚铁与硫化氢中和形成无毒的黑色硫化铁附在根的表面形成黑根，这种黑根的生理机能十分微弱，如根为硫化氢等进一步伤害，可能发生根腐病而呈浅灰色或灰白色。上述情况说明了根的颜色能直接反映根的活力，这样就可以通过感官鉴定根的颜色来比较根的活力的大小。

（2）亚甲基蓝吸附法

原理：根系对营养盐类吸收的理论认为，吸附作用就是根系依靠根系与环境渗透压的差异或置换吸附的物理化学过程，对无机元素离子进行吸收。最初在根系表面均匀地覆盖一层被吸附物质的单分子层，而后在根系表面产生吸附饱和，继之根系的活跃部分能把原来吸附的物质解吸到细胞中去，因而继续产生吸附作用。一般常用亚甲基蓝作为被吸附物质，根据吸附前后亚甲基蓝的浓度的变化算出被吸附量。亚甲基蓝的浓度用比色法测定，它的特定吸收波长为660nm。已知1mg亚甲基蓝呈单分子层时占有的面积是1.1m²，据此可算出根系的总吸收表面积。从解吸后继续吸附的亚甲基蓝的量，可算出根系的活跃吸收表面积，也可将其作为根系活力的指标。

仪器和试剂：

仪器：烧杯（100mL），吸管（1mL、10mL），比色杯。

试剂：

①0.000 2mol/L亚甲基蓝溶液：把75mg亚甲基蓝溶于1 000L蒸馏水中（每毫升溶液中含有0.075mg亚甲基蓝）。②0.01mg/mL亚甲基蓝溶液：用刻度吸管吸取0.000 2mol/L亚甲基蓝溶液1.34mL放入100mL容量瓶中，加水定容到刻度。

测定方法：

①把0.000 2mol/L亚甲基蓝溶液分别倒在3个小烧杯中，编好号码（1号杯、2号杯、3号杯），每杯中溶液的体积约10倍于根系的体积，准确地记下每杯中的溶液量。②取冲洗干净的待测根系，用吸水纸小心吸干水分，然后把根放在1号杯

中浸 1.5min 后立即取出，注意取出时要使亚甲基蓝溶液从根上流回到原杯中去，再放到 2 号杯中浸1.5min，取出后，同样控净，再放到 3 号杯中1.5min，取出控净溶液。③从上述 3 个杯中各吸取浸过根系的亚甲基蓝溶液 1mL，分别加到 3 个比色试管中，每管再加水 9mL 稀释 10 倍，然后与标准液进行比色，记下比色所得的浓度，或用此液在分光光度计的 660nm 处测光密度，然后在标准曲线上查相应的浓度。最后算出每杯溶液中剩余亚甲基蓝的量（mg）。④亚甲基蓝标准曲线的绘制，取 7 支试管，编号，按表 5 - 3 配制亚甲基蓝系列标准液。以 1 号试管液为 0，在分光光度计的660nm 处比色，然后以亚甲基蓝系列浓度为横坐标，以光密度为纵坐标绘制标准曲线。⑤用体积计法或用排水法在量筒中测定其根系体积。

表 5 - 3　亚甲基蓝系列标准液

项　　目	试管号						
	1	2	3	4	5	6	7
0.1mg/mL 亚甲基蓝溶液添加量（mL）	0	1	2	3	4	5	6
蒸馏水添加量（mL）	10	9	8	7	6	5	4
系列亚甲基蓝溶液浓度（mg/mL）	0	0.001	0.002	0.003	0.004	0.005	0.006

依下式求出根的吸收面积。

根的总吸收面积(m^2)＝[1号杯被吸收的亚甲基蓝(mg)＋2号杯被吸收的亚甲基蓝(mg)]$\times 1.1m^2$

根的活跃吸收面积(m^2)＝3号杯被吸收的亚甲基蓝$(mg)\times 1.1m^2$

活跃吸收面积$(\%)=\dfrac{根的活跃吸收面积}{根的总吸收面积}\times 100$

比表面$=\dfrac{根系总的吸收面积（cm^2）}{根的体积（cm^3）}\times 100$

各杯中被吸的亚甲基蓝的量＝（溶液原来的浓度－浸根后的浓度）$\times$每杯中的溶液量。

5.6 水稻产量测定

5.6.1 考种及理论测产

于成熟期收获前，根据被测田块的面积确定样点数量和取样方法（参照 3.1），然后对每点进行取样和样品测定。首先，测定连续 30 行行距（从第 1 行稻株中心连续量至第 31 行稻株中心的距离）和 30 穴穴距（从第 1 穴稻株中心连续量至第 31 穴稻株中心的距离），计算单位面积穴数。

$$穴数(穴 /m^2) = \frac{1}{\dfrac{30\ 行距离}{30} \times \dfrac{30\ 穴距离}{30}}$$

　　然后选长势均匀地段计数连续 20 穴有效穗数，计算每穴平均穗数。按照平均穗数整株挖取 3～5 穴，削净根部泥土，挂好写明处理的标签，悬挂于通风阴凉处晾干备用。晾干的样品在稻株穗颈节处剪下稻穗进行室内考种。考种项目应根据研究的目的确定，基本的考种项目包括穗长、穗重及产量构成因素。具体步骤为：首先计数每穴穗数（每穗粒数大于 5 粒的穗记为有效穗），称量穴穗重，测量每穗的长度（穗颈节至穗顶的长度，不包括芒长），脱掉所有籽粒（包括实粒、秕粒和空粒），计数实粒数（一般情况下可用相对密度 1.05 或 1.06 的盐水分离，下沉者为实粒，生产中以达到饱满籽粒厚度 2/3 程度者为实粒）、秕粒数（未达到实粒标准，但有内容物者为秕粒）和空粒数（无内容物的籽粒），称量实粒、秕粒、空粒的重量，精确到 0.01g。

$$穗重(g/ 穗) = \frac{穴穗重}{穗数}$$

$$穗长(cm) = \frac{测定的穗长之和}{穗数}$$

$$穗数（穗/m^2）= 每平方米穴数 \times 穴穗数$$

$$穗粒数（粒/穗）= \frac{实粒数 + 秕粒数 + 空粒数}{穴穗数}$$

$$结实率（\%）= \frac{实粒数}{实粒数 + 秕粒数 + 空粒数} \times 100$$

$$千粒重（g）= \frac{实粒重}{实粒数} \times 1\,000$$

$$理论产量（kg/hm^2）= 10\,000 \times \frac{穗数 \times 穗粒数 \times 结实率 \times 千粒重}{1\,000}/1\,000$$

根据试验的目的，考种项目还可包括着粒密度，一、二次枝梗数，一、二次枝梗粒数、结实率、千粒重，优势粒（上部一次枝梗上着生的籽粒）、劣势粒（下部二次枝梗上着生的籽粒）、中势粒（余下的籽粒）等。

5.6.2　实际测产

收获和脱粒是田间试验的重要环节，要求及时、细致、准确，绝不能出现差错。否则，就得不到完整的试验结果，影响试验的总结，甚至会导致整个试验前功尽弃。单收、单打是试验田收获、脱粒的基本要求。

（1）收获前的准备

田间试验各个处理小区的产量，应该能真实反映在该小区上应用的处理的效果。但是，在实际田间试验中，常有些小区由于各种各样的偶然原因，例如地力或施肥不均，或者插秧深浅不一，或者被践踏、病虫害以及其他原因等，使小区的产量不准确，不能准确反映处理的结果。为了排除这些偶然原因对小区产量的影响，在统计小区产量前，需要进行校正工作，除去小区中一些受偶然原因影响的部分植株。在进行校正工作、剔除小区计算面积中某些生长不正常的部分时，首先必须明确这些生长不正常植株是由偶然原因引起的还是由试验处理引起的。在实际田间试验工作中，要正确区别上述原因并不是一件容易的事。某些植株生长不正常究竟是由试验处理引起的，还是由偶然原因所致，必须根据从播种起进行的一系列田间工作和观察记录，结合同处理其他小区及相邻小区的表现综合分析、判断。如已知某一小区缺株是由病虫害造成的，相邻小区无这种现象，而同一处理其他小区表现相同，那么可以说这种缺株现象是由试验处理引起的。相反，如果这种缺株只发生于某一小区及相邻小区，而同一处理在其他重复的小区并无类似情况，则可以认为缺株不是由试验处理造成的，而是由偶然原因引起的。因此，应将缺株部分除去，不统计产量。由此可见，要剔除小区某些生长不正常的植株，必须小心谨慎，仔细辨别其原因。应该指出，观察植株生长是否正常往往带有较大的主观片面性，从而影响试验结果的精确性。因此，最根本的方法是尽量减少各种误差和错误，不要寄希望于剔除不正常植株这一不得已的补救措施。小区中被剔除的面积不宜超过小区计产面积的 25%，否则应按缺区处理。小区中剔除部分应在收割前确定、准确测量面积或穴数，并做好记录。为了便于计算剔除部分的面积，最好将其划为长方形或正方形。同时还要注意，靠近不正常植株的正常植株也应剔除一部分，这是因为它们会受到不正常植株的影响，得到较少或较多的光能和营养。收获前，还需准备好收割、脱粒等工具，如绳子、标牌、布袋、纸袋、脱粒机械等，并准备好晾晒场地。

（2）收获与产量计算

收获试验小区之前，首先应收割各小区剔除部分，按缺区处理的小区、保护行，试验方案中要求除去边行和小区两端一定长度的，也应在试验小区收获之前收割。割完这部分并核对无误后，将其先运走。收获试验小区时，根据小区面积和湿度等决定捆数和捆的大小，湿度大时捆应小一些，以利于晾晒。各小区的捆数最好一致，进样不易出现差错。每区收割完毕后，应逐捆拴上标牌，原地码好。整个试验区收割完毕后，应再仔细核对一次，确认无误后可在原地晾晒或运到晾晒场晾晒。在原地晾晒，应注意防鼠害，而运到晾晒场晾晒，则应防止运输过程中出现差错。无论采取哪种方式晾晒，都应注意各处理的一致性，尽量使其含水量一致。如果各处理小区成熟期不同，则应分期收获，以免影响早熟区的产量。在这种情况下，边行、小区两端部分也应与试验区同时收割。此外还应注意，收割最好等露水下去后再开始，整个试验区力争一天内收完。如果有困难，至少每个重复应在同一天收割。收割后，无论在田间晾晒还是在晾晒场晾晒，时间过长都会造成一定的损失，因此，应该适时脱粒。脱粒时同样要防止出现差错，尽可能避免混杂。为此，要严格按顺序分小区脱粒，脱完一个小区，将禾捆上的标牌转系在种子袋上，种子袋中也要放入标牌。同时应仔细清理脱粒机，有些下年作种子的，更应着力避免品种间的机械混杂。收割后晾晒时间短、种子含水量高的，可采取称重后测定实际含水量，然后折算成标准含水量产量的方法校正。粳稻的标准含水量为 14.5%，具体计算方法如下：

$$标准含水产量 = \frac{实际产量 \times (100 - 实际含水量)}{100 - 标准含水量}$$

统计各小区产量时，还要把取样部分产量加到有关小区上，各小区取样不一致时取样部分产量更是必不可少。习惯上，小区面积的单位通常是 m^2，而产量一般为 kg/hm^2。因此，最后产量要换算成公顷产量。计算方法如下：

$$产量(kg/hm^2) = \frac{小区实际产量(kg)}{小区面积(m^2)} \times 10\ 000$$

前已述及，收获脱粒是田间试验中室外作业的最后环节，也是最容易出现差错、直接影响试验结果的环节。在整个收获脱粒过程中，应注意时时防止出现差错。整个田间试验经上述步骤，取得了大量试验数据资料，下一步是对试验数据进行整理分析，结合田间工作得到的感性资料，对试验结果做出科学的分析。

参 考 文 献

陈温福, 2010. 北方水稻生产技术问答 [M]. 3 版. 北京: 中国农业出版社.

范洪良, 1974. 水稻的生长发育和对环境条件的要求 [J]. 上海农业科技 (12): 29 - 30, 34.

盖钧镒, 2000. 试验统计方法 [M]. 2 版. 北京: 中国农业出版社.

郝建军, 刘延吉, 1994. 植物生理学试验技术 [M]. 沈阳: 辽宁科学技术出版社.

李红宇, 周雪松, 杨锡铜, 等, 2019. 减氮施肥对寒地水稻产量品质及抗倒性的影响 [J]. 黑龙江八一农垦大学学报, 31 (5): 1 - 8.

徐一戎, 邱丽莹, 1996. 寒地水稻旱育稀植三化栽培技术图历 [M]. 哈尔滨: 黑龙江技术出版社.

徐正进, 陈温福, 韩勇, 等, 2007. 辽宁水稻穗型分类及其与产量和品质的关系 [J]. 作物学报, 33 (9): 1411 -1418.

于立河, 2010. 作物栽培学 [M]. 北京: 中国农业出版社.

张龙步, 董克, 1993. 水稻田间试验方法与测定技术

[M]. 沈阳：辽宁科学技术出版社.

朱庆森，曹显祖，骆亦其，1988. 水稻籽粒灌浆的生长分析 [J]. 作物学报（3）：182 - 193.

附　　录

　　附表1～附表20为黑龙江不同地区气象条件、水稻各生育阶段临界温度等信息及相关标准。

附表 1　黑龙江不同地区气象条件

地区	初霜日（月-日）			终霜日（月-日）			无霜日（d）			降水量（mm）	稳定通过≥10℃日期（月-日）	≥10℃积温（℃）
	平均	最早	最晚	平均	最早	最晚	平均	最少	最多			
第一积温区	9－30	9－14	10－10	4－25	4－15	4－30	158	142	163	650	5－05	2 750
第二积温区	9－25	9－13	10－07	4－30	4－20	5－05	148	132	153	650	5－10	2 550
第三积温区	9－20	9－13	10－05	5－05	4－25	5－10	138	122	143	600	5－15	2 350
第四积温区	9－15	9－12	9－30	5－10	4－30	5－15	128	112	133	550	5－20	2 150

附表 2　水稻各生育阶段临界温度

生育阶段	临界温度（℃）		
	最低温度	最适温度	最高温度
出苗期	10～12	25～30	36～40
分蘗期	17～18	30～32	38～39
开花期	15～21	26～30	38
灌浆期	15	20～25	30

附表 3　水稻各生育阶段临界耐盐浓度

生育阶段	生育状况	pH	总盐含量（%）
幼苗期	正常	7.9	0.19
	受抑制	8.7	0.32
分蘗期	正常	7.6	0.25
	受抑制	8.8	0.38
孕穗期	正常	7.9	0.30
	受抑制	9.1	0.42
开花期	正常	8.2	0.38
	受抑制	8.7	0.50
成熟期	正常	7.9	0.38
	受抑制	8.5	0.40

附　录

附表 4　不同产量水平氮、磷、钾三要素的需要量

元素	有效成分	每亩产量水平（kg）							
		100	200	300	400	500	600	700	800
氮	N	2.0	4.0	6.0	8.0	10.0	12.0	14.0	16.0
磷	P_2O_5	1.0	2.0	3.0	4.0	5.0	6.0	7.0	8.0
钾	K_2O	2.4	4.8	7.2	9.6	12.0	14.4	16.8	19.2

附表 5　水稻各生育期对养分的需求

养分	吸收量与吸收强度	分蘖期移栽至幼穗分化前	拔节孕穗期幼穗分化至抽穗	结实期抽穗至成穗
氮（N）	吸收量（kg）	3.43	4.42	1.51
	吸收强度（g）	156.00	253.00	63.00
磷（P_2O_5）	吸收量（kg）	1.30	2.59	1.94
	吸收强度（g）	59.00	148.00	81.00
钾（K_2O）	吸收量（kg）	6.44	8.35	—
	吸收强度（g）	293.00	477.00	—
硅（SiO_2）	吸收量（kg）	11.20	24.40	23.70

注：产量水平为每亩 500kg。

附表 6　稻种子质量

作物名称	种子类别		纯度不低于	净度不低于	发芽率不低于	水分[a] 不高于
稻	常规种	原种	99.9	98.0	85	13.0（籼）
		大田用种	99.0			14.5（粳）
	不育系、恢复系、保持系	原种	99.9	98.0	80	13.0
		大田用种	99.5			
	杂交种[b]	大田用种	96.0	98.0	80	13.0（籼）
						14.5（粳）

注：《粮食作物种子　第1部分：禾谷类》（GB 4404.1—2008）。

a. 长城以北和高寒地区的种子水分允许高于13.0%，但不能高于16.0%；若在长城以南（高寒地区除外）销售，水分不能高于13.0%。

b. 稻杂交种质量指标适用于三系和两系稻杂交种子。

附表 7　优质稻谷质量指标

类别	等级	整精米率（%）长粒	中粒	短粒	垩白度（%）	食味品质分	不完善粒（%）	水分（%）	直链淀粉（干基）（%）	异品种率（%）	杂质含量（%）	谷外糙米含量	黄粒米（%）	色泽气味
籼稻谷	1	≥56.0	≥58.0	≥60.0	≤2.0	≥90	≤2.0		14.0~24.0					
	2	≥50.0	≥52.0	≥54.0	≤5.0	≥80	≤3.0	≤13.5						
	3	≥44.0	≥46.0	≥48.0	≤8.0	≥70	≤5.0			≤3.0	≤1.0	2.0	≤1.0	正常
粳稻谷	1	≥67.0			≤2.0	≥90	≤2.0		14.0~20.0					
	2	≥61.0			≤4.0	≥80	≤3.0	≤14.5						
	3	≥55.0			≤6.0	≥70	≤5.0							

注：《优质稻谷》（GB/T 17891—2017）。长粒粒长>6.5mm，中粒粒长介于 5.6~6.5mm，短粒粒长<5.6mm。

附表 8　大米质量标准

品种	籼米			粳米			籼糯米		粳糯米	
等级	一级	二级	三级	一级	二级	三级	一级	二级	一级	二级
碎米　总量（%）≤	15.0	20.0	30.0	10.0	15.0	20.0	15.0	25.0	10.0	15.0
其中：小碎米含量（%）≤	1.0	1.5	2.0	1.0	1.5	2.0	2.0	2.5	1.5	2.0
加工精度	精碾	精碾	适碾	精碾	精碾	适碾	精碾	适碾	精碾	适碾
不完善粒含量（%）≤	3.0	4.0	6.0	3.0	4.0	6.0	4.0	6.0	4.0	6.0
水分含量（%）≤	14.5			15.5			14.5		15.5	
杂质　总量（%）≤	0.25									
其中：无机质质含量（%）≤	0.02									
黄粒米含量（%）≤	1.0									
互混率（%）≤	5.0									
色泽、气味	正常									

注：《大米》（GB/T 1354—2018）。精碾是指大米背沟基本无皮或有皮不成线，米胚和粒面皮层去净的占80%～90%；或留皮在2.0%以下。适碾是指背沟有皮，粒面皮层残留不超过1/5的占75%～85%，其中粳米、优质粳米的米粒在20%以下；或留皮度为2.0%～7.0%。留皮度是指试样平放、残留皮层，米胚投影面积之和占试样投影面积的百分比。碎米是指长度小于同批试样完整米粒平均长度3/4，留存在直径1.0mm圆孔筛上的不完整米粒。小碎米是指通过直径2.0mm圆孔筛，留存在直径1.0mm圆孔筛上的不完整米粒。无机杂质是指泥土、沙石、砖瓦块及其他无机物质。

附表 9　优质大米质量标准

品种	等级		优质籼米			优质粳米		
			一级	二级	三级	一级	二级	三级
碎米	总量（%）	≤	10.0	12.5	15.0	5.0	7.5	10.0
	其中：小碎米含量（%）	≤	0.2	0.5	1.0	0.1	0.3	0.5
加工精度			精碾	精碾	适碾	精碾	精碾	适碾
垩白度（%）		≤	2.0	5.0	8.0	2.0	4.0	6.0
品尝评分值（分）		≥	90	80	70	90	80	70
直链淀粉含量（%）			13.0~22.0			13.0~20.0		
水分含量（%）		≤	14.5			15.5		
不完善粒含量（%）		≤	3.0					
杂质	总量（%）	≤	0.25					
	其中：无机杂质含量（%）	≤	0.02					
黄粒米含量（%）		≤	0.5					
互混率（%）		≤	5.0					
色泽、气味			正常					

注：《大米》（GB/T 1354—2018）。

附表 10　农田灌溉用水水质基本控制项目标准值

序号	项目类别		作物种类		
			水作	旱作	蔬菜
1	五日生化需氧量（mg/L）	≤	60	100	40[a]，15[b]
2	化学需氧量（mg/L）	≤	150	200	100[a]，60[b]
3	悬浮物（mg/L）	≤	80	100	60[a]，15[b]
4	阴离子表面活性剂（mg/L）	≤	5	8	5
5	水温（℃）	≤	35		
6	pH		5.5～8.5		
7	全盐量（mg/L）	≤	1 000[c]（非盐碱土地区），2 000[c]（盐碱土地区）		
8	氯化物（mg/L）	≤	350		
9	硫化物（mg/L）	≤	1		
10	总汞（mg/L）	≤	0.001		
11	镉（mg/L）	≤	0.01		
12	总砷（mg/L）	≤	0.05	0.10	0.05
13	铬（六价）（mg/L）	≤	0.1		
14	铅（mg/L）	≤	0.2		
15	粪大肠菌群数（个/100mL）	≤	4 000	4 000	2 000[a]，1 000[b]
16	蛔虫卵数（个/L）	≤	2		2[a]，1[b]

注：《农田灌溉水质标准》（GB 5084—2005）。

a. 加工、烹调及去皮蔬菜。

b. 生食类蔬菜、瓜类和草木水果。

c. 具有一定的水利灌排设施，能保证一定的排水和地下水径流条件的地区，或有一定淡水资源。能满足冲洗土体中盐分的地区，农田灌溉水质全盐量指标可以适当放宽。

附表 11　农田灌溉用水水质选择性控制项目标准值

序号	项目类别		作物种类		
			水作	旱作	蔬菜
1	铜（mg/L）	≤	0.5	1.0	
2	锌（mg/L）	≤	2		
3	硒（mg/L）	≤	0.02		
4	氟化物/（mg/L）	≤	2（一般地区），3（高氟区）		
5	氰化物（mg/L）	≤	0.5		
6	石油类（mg/L）	≤	5	10	1
7	挥发酚（mg/L）	≤	1		
8	苯（mg/L）	≤	2.5		
9	三氯乙醛（mg/L）	≤	1.0	0.5	0.5
10	丙烯醛（mg/L）	≤	0.5		
11	硼（mg/L）	≤	1[a]（对硼敏感作物），2[b]（对硼耐受性较强的作物），3[c]（对硼耐受性强的作物）		

注：《农田灌溉水质标准》（GB 5084—2005）。

a. 对硼敏感作物，如黄瓜、豆类、马铃薯、笋瓜、韭菜、洋葱、柑橘等。

b. 对硼耐受性较强的作物，如小麦、玉米、青椒、小白菜、葱等。

c. 对硼耐受性强的作物，如水稻、萝卜、油菜、甘蓝等。

附表 12　绿色食品生产空气质量要求（标准状态）

项目	指标		检测方法
	日平均	1h	
总悬浮颗粒物（mg/m³）	≤0.30	—	
二氧化硫（mg/m³）	≤0.15	≤0.50	
二氧化氮（mg/m³）	≤0.08	≤0.20	
氟化物（μg/m³）	≤7	≤20	

注：《绿色食品　产地环境质量》（NY/T 391—2013）。

a. 日平均指任何一日的平均指标。

b. 一小时指任何一小时的平均指标。

附表 13　绿色食品生产农田灌溉水质要求

项目	指标	检测方法
pH	5.5～8.5	GB/T 6920
总汞（mg/L）	≤0.001	HJ 597
总镉（mg/L）	≤0.005	GB/T 7475
总砷（mg/L）	≤0.05	GB/T 7485
总铅（mg/L）	≤0.1	GB/T 7475
六价铬（mg/L）	≤0.1	GB/T 7467
氟化物（mg/L）	≤2.0	GB/T 7484
化学需氧量（CODcr）（mg/L）	≤60	GB 11914
石油类（mg/L）	≤1.0	HJ 637
粪大肠菌群＊（个/L）	≤10 000	SL 355

注：《绿色食品　产地环境质量》（NY/T 391—2013）。

＊灌溉蔬菜、瓜类和草本水果地表水需测粪大肠菌群，其他情况不测粪大肠菌群。

附表 14　绿色食品生产土壤质量要求

项目	旱田			水田		检测方法
	pH<6.5	6.5≤pH≤7.5	pH>7.5	6.5≤pH≤7.5	pH>7.5	NY/T 1377
总镉 (mg/kg)	≤0.30	≤0.30	≤0.40	≤0.30	≤0.40	GB/T 17141
总汞 (mg/kg)	≤0.25	≤0.30	≤0.35	≤0.30	≤0.40	GB/T 22105.1
总砷 (mg/kg)	≤25	≤20	≤20	≤20	≤15	GB/T 22105.2
总铅 (mg/kg)	≤50	≤50	≤50	≤50	≤50	GB/T 17141
总铬 (mg/kg)	≤120	≤120	≤120	≤120	≤120	HJ 491
总铜 (mg/kg)	≤50	≤60	≤60	≤60	≤60	GB/T 17138

注：《绿色食品 产地环境质量》(NY/T 391—2013)。底泥按照水田标准执行。果园土壤中铜限量值为旱田中铜限量值的 2 倍。水旱轮作值取严不取宽。

附表 15　绿色食品生产土壤肥力分级指标

项目	级别	旱地	水田	菜地	园地	牧地	检测方法
有机质 （g/kg）	I II III	>15 10～15 <10	>25 20～25 <20	>30 20～30 <20	>20 15～20 <15	>20 15～20 <15	NY/T 1121.6
全氮 （g/kg）	I II III	>1.0 0.8～1.0 <0.8	>1.2 1.0～1.2 <1.0	>1.2 1.0～1.2 <1.0	>1.0 0.8～1.0 <0.8	— — —	NY/T 53
有效磷 （mg/kg）	I II III	>10 5～10 <5	>15 10～15 <10	>40 20～40 <20	>10 5～10 <5	>10 5～10 <5	LY/T 1233
速效钾 （mg/kg）	I II III	>120 80～120 <80	>100 50～100 <50	>150 100～150 <100	>100 50～100 <50	— — —	LY/T 1236
阳离子交换量 ［cmol（+）/kg］	I II III	>20 15～20 <15	>20 15～20 <15	>20 15～20 <15	>20 15～20 <15	— — —	LY/T 1243

注：《绿色食品　产地环境质量》（NY/T 391—2013）。底泥、食用菌栽培基质不做土壤肥力检测。

附表16　绿色食品大米、胚芽米、蒸谷米、红米的感官

项目		品种		检测方法
		籼	粳	
色泽，气味[a]		无异常色泽和气味		GB/T 5492
加工精度[b]（等）		—		GB/T 5502
不完善粒（%）		≤3.0		GB/T 5494
杂质最大限度	总量（%）	≤0.25		GB/T 5494
	糠粉（%）	≤0.15		
	矿物质（%）	≤0.02		
	带壳稗粒（粒/kg）	≤3		
	稻谷粒（粒/kg）	≤4		
碎米	总量（%）	≤15.0	≤7.5	GB/T 5503
	其中小碎米（%）	≤1.0	≤0.5	
水分（%）		≤14.5	≤15.5	GB/T 5497
黄粒米（%）		≤0.5		GB/T 5496
互混（%）		≤5.0		GB/T 5493

籼粳亚种都有籼糯、粳糯之分，大米、胚芽米、蒸谷米、红米中籼糯、粳糯米感官指标参照表1籼、粳感官要求。

注：《绿色食品　稻米》（NY/T 419—2014）。

a. 蒸谷米的色泽、气味要求为色泽微黄略透明，具有蒸谷米特有的气味。

b. 胚芽米、红米的加工精度要求为GB 1354规定的三等或三等以上。

c. 蒸谷米的黄粒米指标不做检测。

附表 17　绿色食品糙米、黑米的感官

项目	指标		检测方法
	籼	粳	
色泽、气味	正常		GB/T 5492
杂质（%）	≤0.2		GB/T 5494
不完善粒（%）	≤5.0		
稻谷粒（粒/kg）	≤4		GB/T 5494
互混（%）	≤5.0		GB/T 5494

　　籼、粳亚种都有籼糯、粳糯之分，糙米、黑米中籼糯、粳糯米感官指标参照表 2 籼、粳感官要求。

　　注：《绿色食品　稻米》（NY/T 419—2014）。

附表 18　绿色食品稻米理化指标

项目		大米		糯米	蒸谷米	红米	糙米	胚芽米	黑米	检测方法
水分（%）	籼	14.5						14.0		GB/T 5497
	粳	15.5						15.0		
直链淀粉含量 （干基）（%）	籼	13.0～22.0		≤2.0	—		—			NY/T 83
	粳	13.0～20.0								
垩白度（%）		≤5			—					NY/T 83
黑色素、色价值					—				≥1.0	NY/T 832
留胚粒率（%）					—			≥75	—	见附录 B

注：《绿色食品　稻米》（NY/T 419—2014）。

附表 19 绿色食品稻米污染物、农药残留限量

单位：mg/kg

序号	项目	指标	检测方法
1	无机砷	≤0.15	GB/T 5009.11
2	总汞	≤0.01	GB/T 5009.17
3	磷化物	≤0.01	GB/T 5009.36
4	乐果	≤0.01	GB/T 5009.20
5	敌敌畏	≤0.01	GB/T 5009.20
6	马拉硫磷	≤0.01	GB/T 5009.20
7	杀螟硫磷	≤0.01	GB/T 5009.20
8	三唑磷	≤0.01	GB/T 20770
9	克百威	≤0.01	GB/T 5009.104
10	甲胺磷	≤0.01	GB/T 5009.103
11	杀虫双	≤0.01	GB/T 5009.114
12	溴氰菊酯	≤0.01	GB/T 5009.110
13	水胺硫磷	≤0.01	GB/T 20770
14	稻瘟灵	≤0.01	GB/T 5009.155
15	三环唑	≤0.01	GB/T 5009.115
16	丁草胺	≤0.01	GB/T 20770

注：《绿色食品　稻米》（NY/T 419—2014）。如食品安全国家标准及相关国家规定中上述项目和指标有调整，且严于本标准规定，则按最新国家标准及相关规定执行。

附表 20　水稻生产的土壤镉、铅、铬、汞、砷安全阈值

项目	安全阈值（mg/kg）							
	pH<5		5≤pH<6		6≤pH<7		pH≥7	
	OM<20 (g/kg)	OM≥20 (g/kg)	OM<20 (g/kg)	OM≥20 (g/kg)	OM<20 (g/kg)	OM≥20 (g/kg)	OM<20 (g/kg)	OM≥20 (g/kg)
镉	0.20	0.25	0.25	0.25	0.30	0.35	0.45	0.50
铅	55	60	70	75	120	135	225	250
铬	110	135	125	150	160	195	210	250
汞	0.45	0.55	0.50	0.65	0.60	0.80	0.80	1.05
砷	25	30	20	25	20	20	15	20

注：《水稻生产的土壤镉、铅、铬、汞、砷安全阈值》（GB/T 36869—2018）。安全阈值按土壤 pH 和有机质含量进行分组。OM 为有机质含量。

图书在版编目（CIP）数据

水稻田间试验实用手册 / 李红宇主编. —2 版. —
北京：中国农业出版社，2021.5
　　ISBN 978-7-109-28371-8

　　Ⅰ.①水…　Ⅱ.①李…　Ⅲ.①水稻—田间试验—手册
Ⅳ.①S511-33

　　中国版本图书馆 CIP 数据核字（2021）第 114217 号

中国农业出版社出版
地址：北京市朝阳区麦子店街 18 号楼
邮编：100125
责任编辑：郑　君　　文字编辑：郝小青
版式设计：杜　然　　责任校对：周丽芳
印刷：中农印务有限公司
版次：2021 年 5 月第 2 版
印次：2021 年 5 月北京第 1 次印刷
发行：新华书店北京发行所
开本：787mm×1092mm　1/32
印张：5
字数：100 千字
定价：29.00 元